U0254225

李昊 著

智慧城市空间规划与场景营造

Smart City　　Spatial Planning and Scene Making

中国建筑工业出版社

大地注定会变得看不见，从有形世界到无形世界的嬗变业已开始。

——里尔克，《杜伊诺哀歌》

前言

在当前，智慧城市是全球各地城市发展的重要趋势。新一代信息技术正在深刻地影响着城市的发展。新技术、新业态的不断出现以及智能化的生产、消费与人际交往方式，催生出的新的空间生产模式。城市在技术—空间—社会的多重耦合下，正在以多重维度被重构。

长期以来，学界和业界对于智慧城市的探讨都无法回避一个问题：智慧城市到底是一个技术问题还是空间问题？对于这个问题不同的见解，取决于对智慧城市的空间性的理解。法国哲学家吉尔·德勒兹曾提出"褶子"（fold）的概念，作为一种隐喻来反映动态变化事物之间缠绕关联的现实，并据此提出以超越简单二元对立的思维来看待世界。译者汪民安将此理念应用到城市学研究并提出"褶子城市"的概念。同样，在我们观察技术与城市空间交互作用时，应当借用"褶子"的概念，以更加立体的视角去理解这一现象，为城市发展寻求更多可能。

在社会经济新形势下，各地在传统房地产建设进入拐点之后，以智慧化引领城市建设成为新时期城市发展的重要主线。当前，智慧城市愈发呈现出技术和空间融合的发展趋势，各地城市、园区、街区、社区以及公园等空间的建设和运营方，以及智慧城市各类产品厂商，都迫切需要从空间角度助力行业发展，对于技术与空间融合的研究需求激增。但长期以来无论在实操上还是认知上，信息化建设与空间规划和营建存在巨大鸿沟，这导致了城市建设与数字技术应用呈现出脱节状态。本书创新性地从空间视角提出智慧城市规划和场景营造的方法论，基于笔者的实践经历，从智慧城市空间视角的发展趋势、理论范式与实践方法入手，创新性、系统性地对智慧城市空间规划与场景营造进行理论和实践的介绍，深入剖析其学理，提炼应用方法，力求为数字时代的行业发展提供全新的经验。

本书坚持技术人文主义的视角，重视人本感知。在当前智慧城市建设大潮中，本书旨在弥补智慧城市建设空间视角的缺失，通过对智慧城市空间规划和营造的创新性、前瞻性研究，力求起到三方面的作用：①通过以人为本的智慧城市空间规划和场景营造，为智慧城市建设和管理提供有力的空间引导工具，塑造适应数字化时代居民生产生活的人居环境；②有效地为各地城市治理的数字化转型和数字经济发展提供空间承载，提升城市建设效能，促进各地智慧城市生态体系的有效构建；③在城乡行业变革期拓展行业的空间视野，推动由传统城市规划向智慧城市规划的转变，实现数字时代城市规划的价值提升。

本书的论述首先强调回归人本主义价值观，从人的空间性的实存出发去重新理解智慧城市的概念和发展原则；然后从现象学和象征意义的角度，对当下城市日益数字化的生活方式以及其创造的虚拟空间进行思考和探讨；进而通过对智慧城市空间趋势和演变机制的研究，以及对现有智慧城市规划的分析，提出智慧城市空间规划与场景营造的新方法；而后对以笔者的实践工作为代表的相关案例进行论述，诠释以"科技 + 空间"为核心的方法在实际中的应用；最后预判智慧城市的发展趋势，并讨论了城市规划行业的未来发展方向。

空间视角作为主线贯穿全书。本书章节组织的主线围绕新技术的出现及其与传统的建成环境结合带来新的交互体验和空间使用逻辑展开，进而规划响应空间干预模式。同时隐含的暗线是人对数字环境的感知、认知与行为反应。

当下的数字化大潮不可逆转，规划师也必须与潮流共舞。对于新技术趋势，我们既不能像"技术狂热者"那样缺乏质疑和反思，也不能固守传统而对其坐视不管。我们应当抱着一种开放与理性的思维去参与数字城市构建，同时也不放弃传统人居营建的理想，并将其在数字时代发扬光大。

目录

第 1 章

智慧城市的人本主义潮流

Chapter 1

Humanistic Trends of Smart City

在许多西方语言中，"文明"一词都来自拉丁语"civitas"，意为城市。城市始终是人类文明发展的核心载体。城市建筑、景观与风貌是人类文明的具象化呈现。城市思想家刘易斯·芒福德（芒福德，2005）认为城市文明即为人类文明的代表："城市是一种特殊的构造，这种构造致密而紧凑，专门用来流传人类文明的成果。"不同历史时期的城市，以各具特色的形态与内涵，承载了各个阶段的人类文明。如今，以信息技术与人工智能为代表的第四次工业革命带来的一系列颠覆性技术，对城市社会生活与空间环境产生了深远影响（龙瀛，2020）。智慧城市是信息技术驱动的城市变革潮流，是21世纪人类文明的集中体现。智慧城市建设在经历了以信息设施为代表的工程阶段后，需要更加强调人本主义的回归，把人的全面发展置于技术演进的中心，融入以人为本的新型城镇化建设。

1.1 智慧城市及其内涵

在城市发展的历程中,科学技术一直是城市建设与发展的核心动力,城市化和科技的发展进程深度耦合。可以说,城市发展史同时也是一部科技史。机器的发明和使用改变了文明的物质基础和文化形式(芒福德,2005)。在城市演变的各个历史阶段,技术进步对于城市的空间形态、经济模式、交通方式、文化思潮和发展动力机制等的变革都起到了核心驱动作用。随着工业革命的发展,城市化于19世纪后半叶的欧美国家开始起步,并于"二战"后在全球全面展开。可以说工业文明伴随着全球城市化的进程,塑造了地球上绝大部分人类聚居地的物质环境。培根(2020)在《城市设计》中指出:"城市所采取的形式是我们文明最高抱负的真切表现。"历次科技的飞跃都在城市的面貌上留下了印记。第二次工业革命之后,电梯的出现推动了摩天大楼的建设,带来了城市的垂直发展方式,新的天际线开始隆起。随着小汽车的普及,城市开始在水平维度上蔓延。信息革命则显著加速了信息和人的流动,推动了人类活动对地理空间限制的突破,促进了城市更为跳跃式的发展,为城市的未来发展提供了更广阔的可能性。

20世纪六七十年代后,信息化成为科技促进社会演进的核心主线。从20世纪90年代起,城市规划与城市研究界就开始关注信息化对城市的影响。卡斯泰尔(Castells,1991)提出基于信息通信技术(information and communication technology,ICT)进化而来的信息化城市(informational city)概念,预见了未来信息对空间和时间将产生的重要影响。霍尔(Hall,1998)认为信息技术是未来城市的核心驱动力,信息技术会带来产业发展、社会组织和运行模式的创新,进而驱动城市变革。

20世纪90年代,美国信息高速公路计划推动了互联网的大规模普及。进入21世纪后,以信息技术为核心的当代科技催生了智慧城市这一新产物。刚步入21世纪时,诺贝尔经济学奖得主斯蒂格利茨曾经预言,影响人类本世纪的两件大事，一是中国的城市化，二是以美国为引领的新技术革命。而如今中国的智慧城市建设，恰恰是两者的融合，是时代的大势所趋。在 21 世纪以来的二十余年里，数字技术的广泛应用，对世界各国城市发展与居民生活的各个方面都产生了深远的影响。移动互联网、5G 和人工智能技术不断引进，信息技术驱动城市变革不断加速。以数字化、信息化为表征的城市智慧化、精细化、科学化发展，成为全球各城市一致的发展方向。智慧城市是与新一轮科技发展紧密结合的现代城市发展理念，也是整合技术、社会组织和人才的综合型城市发展工具箱。智慧城市正在并且将持续塑造世界各个城市的数字环境或虚拟环境（表 1-1）。

技术推动城市文明阶段演进   表 1-1

历史阶段	城市形态	主导产业	经济模式	主要交通工具	模范城市
原始社会	原始部落聚落	采集、狩猎	自然经济	步行	—
农业社会	对称划分街区	农业、手工业	自给自足小农经济	马车	长安、罗马
工业社会	现代城市	制造业	商品经济——福特制	火车、汽车	伦敦、纽约、芝加哥
后工业社会	全球城市网络	金融、IT、互联网	商品经济——后福特制＋虚拟经济	汽车、高铁、飞机、轨道交通	纽约、洛杉矶、中国香港、新加坡
数字社会	智慧城市	智慧产业	创意经济、共享经济	自动驾驶、低空载人飞行	—

2008 年 IBM 公司首次提出 "智慧星球"（Smart Planet）的愿景。随后，2010 年上海世博会提出了一个影响深远的主题——"城市，让生活更美好"（Better City，Better Life）。世博会的总规划师吴志强将这两个概念整合为"智慧城市"（smart city）。这个概念一经推出，便在全球范围内得以快速传播，各地都开展了广泛实践，也涌现出多样化的理念。智慧城市这一概念与早先

的"信息城市""数字城市""智能城市"理念相比，更具综合性，更加强调信息技术与城市共同形成的复合体的关系。智慧城市作为城市发展和城市形态的新概念，逐渐在全球范围内成为引领城市发展的新潮流。

纵观智慧城市的各种定义，信息通信技术普遍被认为是智慧城市的核心。然而智慧城市的内涵远不止于信息技术。IBM 对"智慧城市"的定义为：运用信息和通信技术手段感测、分析、整合城市运行核心系统的各项关键信息，从而对包括民生、环保、公共安全、城市服务、工商业活动在内的各种需求做出智能响应（陈伟清等，2014）。智慧城市专家安东尼·汤森（2014）认为智慧城市是将信息技术与基础设施、建筑、日常生活用品等相结合来解决社会、经济和环境问题的城市。

应当认识到，智慧城市的内涵绝不能仅仅局限于信息化层面。广义的智慧城市强调城市巨系统的融合和全方位发展，不再简单地以信息技术利用作为其核心（丁国胜和宋彦，2013）。根据 ISO 国际标准化组织的定义，智慧城市是"在已建成环境中对物理系统、数字系统和人类系统进行有效整合，从而为市民提供一个可持续的、繁荣的、包容的未来"[1]。由此可见，智慧城市的内涵要比信息化更为丰富。新时期的智慧城市建设，需要将智慧城市从狭隘的信息化层面拓展到广义的人居环境中，并融入更多社会公平、社会创新等要素，才能实现城市真正的智慧。

---

1 ISO/IEC 30182:2017 *Smart city concept model – Guidance for establishing a model for data interoperability*，定义 2.14。

1.2 以人为本的智慧城市发展原则

IBM 的《智慧的城市在中国》白皮书提出了智慧城市四大基本特征：全面物联、充分集成、激励创新、协同运作。即智能传感设备将城市公共设施物联成网，物联网与互联网系统完全对接融合，政府、企业在智慧基础设施之上进行科技和业务的创新应用，城市的各个关键系统和参与者进行和谐高效的协作。宋刚和邬伦（2012）认为智慧城市不仅强调物联网、云计算等新一代信息技术应用，更强调以人为本、协同、开放以及用户参与的创新 2.0，他们将智慧城市定义为以新一代信息技术做支撑，下一代知识社会创新环境下的城市形态。

智慧城市的核心本质是人而不是物。智慧城市应基于全面透彻的感知、泛在的互联以及智能融合的应用，构建有利于创新涌现的制度环境与生态系统，实现可持续创新，塑造城市公共价值，并为生活其间的每一位市民创造独特价值。随着智慧城市逐渐成为城市发展的新方向和热点，不同学者在不同的环境背景下提出了智慧城市发展的方向和原则，大体上可以分为技术导向和人本导向两种。技术主导的内涵是最先由 IT 厂商提出并广泛传播的，旨在利用各种信息技术集成城市的组成系统和服务，以提升资源运用的效率（骆小平，2010）。随着全球智慧城市建设的不断深入，数字技术与城市社会生活的不断融入，人们逐渐意识到新技术的单纯堆砌不能实现让城市生活更美好的目标。未来城市的发展需要更大的智慧，智慧城市的发展趋势以可持续发展为核心，更注重人的需求以及人本智慧的充分参与。

笔者曾从发现问题和解决问题两个角度，提出智慧城市以人为核心的七大发展原则（图 1-1），笔者认为需要从智慧技术服务于人的本质出发，通过新技术为人提供发展跃迁的空间。城市问题的解决不仅仅涉及技术问题，更涉及城市治理体系，这一过程需要通过多方协同生成系统性解决方案。

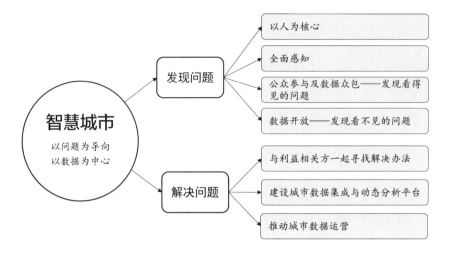

图 1-1　以人为核心的智慧城市发展七原则

原则一：以人为核心。"城市即人"（What is the city but the people）[1]，人是城市的灵魂和城市发展的核心主体。智慧城市的建设应重视三个方面：①要以所有人为本；②要让人参与；③要为后人着想。把人纳入城市多元协作、协商治理的体系中，让人深度参与解决方案的制定过程，可以避免信息社会中数字鸿沟的扩大，促进智慧技术的人性化转型，推动人和城市共同的智慧化演进。

原则二：全面感知。英国经验主义哲学家乔治·贝克莱（2010）认为"存在就是被感知"；卡尔维诺（2006）在《看不见的城市》里提到"城市的信息总是藏在细节之中"。随着物联网、云计算、大数据技术的广泛应用和网络的泛在互联，以及城市传感技术终端采集装置的不断完善，智慧城市也开始逐步实现对城市环境更为直接和细致的全面感知，并随着深度数

1　出自莎士比亚戏剧《科利奥兰纳斯》。

据采集、挖掘和综合分析能力的不断提高，其为优化城市政府的公共服务与社会管理职能提供了有力的技术支持。

原则三：通过公众参与及数据众包发现看得见的问题。公众参与是城市治理体系的重要组成部分。正如简·雅各布斯（2006）所言，"只有当所有人都是城市的创造者时，城市才有可能为所有人都提供一些东西"。信息社会有力地提升了公众的主体意识，在由互联网引领的城市变革中，开源的软件和数据、信息共享及众包，为公众介入城市事务带来了新的途径。ICT 可以促进电子参与，促进公众民主意识的增强，进而促进基于信息平台的城市问题共同治理机制的形成，而多元共治的格局也将帮助城市形成完善、成熟的公民社会。

原则四：通过数据开放发现看不见的问题。大数据是智慧城市发展的重要基石，而开放数据有利于更好地发现城市中看不见的问题，挖掘出潜在价值。同时，数据开放也是政府体现公正透明、增进与民众互信的有力手段。需要加快数据资源共享开放，积极推动政务数据资源的互联互通和共享，建设统一的大数据汇聚融合平台，加快市级政务数据资源有序向社会开放，引导政务数据和社会数据的融合利用。

原则五：与利益相关方一起寻找解决办法。通过公私合作与多元参与，改变政府主导的单一建设模式，可以促进政府与公众之间展开有效的合作，这有助于"释放"广大市民的智慧，以类似于计算机中的多智能体系统的模式，涌现出对城市复杂问题的解决方案。通过促进公众参与决策，体现"智慧政治"。

原则六：建设城市数据集成与动态分析平台。城市数据集成与动态分析平台是智慧城市的神经中枢，由数据收集、数据挖掘分析及智慧模块组成，融合了城市地理空间尺度的 GIS 数据以及建筑尺度的 BIM 数据、城市人口数据和法人数据，并对各维度、各尺度的城市数据进行整合。共享数据库的建立，可以打破信息壁垒，实现不同行业和部门间的信息畅通，统筹城乡治理的多元信息汇聚。当前，日益成熟的机器学习、深度学习等技术手段越来越多地被运用到城市多源数据分析与决策过程中，使城市数据集成与动态分析平台逐渐具备了评价、预测和辅助决策功能，进而提升了城市的管理水平和治理效能。

原则七：推动城市数据运营。只有对共享服务平台整合的海量数据进行深度挖掘和分析，才能真正实现数据对于城市的价值。依靠开放数据建立城市数据实验室，以数据挖掘、分析、研发和运营为中心，推进商业应用、政策研究和科研创新的集成示范。城市数据运营将盘活城市数据资产，释放数据红利。

以人为本的智慧城市是以物为主体的智慧城市的升级版。通过技术创新与社会创新深度融合，以物联网、云计算、普适计算、人工智能为代表的新一代信息技术正在形成技术网络，其与知识社会环境下社会经济创新要素结合，以人的需求和全面发展为导向，催生形成开放的城市创新生态；通过多元融合、全程式的服务，智慧城市的核心价值越来越体现出为居民提供高质量的生活。合理制定智慧城市的发展原则，可以从底层保证人性化的智慧城市设计，为城市的规划、投资建设与运营设立以人为本的门槛，促进创新要素的智能融合和应用，实现面向未来的城市高质量发展。

1.3 新型智慧城市发展方向

新一轮信息技术的发展与全球化、城市化深度互动，重塑了网络社会的空间卡斯泰尔（Castells，1996）。数字时代，城市在以信息流为表征的智慧城市的驱动下日新月异。在 2016 年的联合国第三次住房和城市可持续发展大会（Habitat Ⅲ）上，新城市议程将城市的智慧化发展作为可持续发展的重要内容。该议程也认为，发展中国家在这一领域面临着更多的机遇和挑战[1]。

与欧美发达国家不同，智慧城市出现在我国快速城镇化时期，这意味着物质环境的建设与数字环境的形成在同期叠加，因此呈现出独有的特征。唐斯斯等（2020）认为我国智慧城市发展大体上经历了四个阶段：2008年底至2014年是探索期，各部门、各地方按照自己的理解来推动智慧城市建设，相对分散和无序；2014—2015年是规范调整期，国家层面成立了"促进智慧城市健康发展部际协调工作组"，开始统筹指导地方智慧城市建设；2015—2017年是战略攻坚期，主要特征是提出了新型智慧城市理念并上升为国家战略；党的十九大之后为全面发展期，强调智慧社区与城乡融合发展。

作为后发经济体，智慧城市在我国从发展伊始就存在一定的"技术崇拜"现象。以工具理性思维为主导，缺乏人文思考和价值判断，一些人迫切期望单纯依靠信息技术来解决复杂城市问题，IT公司也一度掀起产品营销的大潮。由IT公司主导、以信息基础设施等软硬件系统为核心的智慧城市建设模式，背后体现了"技术帝国主义"的逻辑，而城市规划等公共政策并未对其进行及时的反应。技术中心论事实上给城市带来了科技的异化，未能真正有效解决城市的治理问题。我国的智慧城市建设因此经历了曲折的探索过程。住房和城乡建设部原副部长仇保兴就曾经谈道："'智慧城市'是IBM提出的营销概念，让我们国家走了一个极大的弯路，任何一个新的科技的应用或者新概念的推广必须是能解决问题，但是我们相当长的一段时间被'智慧城市'的概念所误导。"[2]

---

1 HABITAT Ⅲ Issue paper 21: Smart cities[EB/OL]. (2015-05-31) .http://unhabitat.org/wpcontent/uploads/2015/04/Habitat-Ⅲ-Issue Paper-21_Smart-Cities-2.0.pdf
2 仇保兴："智慧城市"只是营销概念 [EB/OL]. (2014-01-20). http://www.landscape.cn/article/2584.html

以产品营销为目的的智慧城市建设，无法真正触达人民需求，解决城市发展的问题。近年来，随着经济增长模式和城市建设模式的转型，新型智慧城市建设不再单单是物质基础设施建设的抓手，而将成为人居环境优化与社会治理的重要工具，即通过城市级 ICT 的整合应用，以智慧治理的方式介入公共事务，实现城市发展模式的优化和品质的提升。基于这种趋势，当前我国各地政府纷纷在电子政务、智慧服务和新媒体领域进行创新，以提高城市竞争力。在城镇化发展的新阶段，城市面临着由物质性建设向以人为本的综合治理转型。城市治理、城市更新、数字经济以及新文旅等，都对智慧城市发展提出了新的要求。

在城镇化后半程阶段，我国城市化模式面临从增量扩张到存量提升的转型。城市的开发市场和建设环境，都面临巨大的转变。城镇化进入新的发展阶段，空间生产和运营的主体由国家和集体向个人、企业和社会组织等转变，城市发展观从对数量增长的重视，转变为更加注重发展质量。新型城镇化把人的城镇化作为核心，强调多元社会主体参与，优化城市综合治理体系。城镇化的侧重点由物质空间向社会关系转移，传统的城市管理模式也正在向现代化的城市治理转型。

在信息时代，城市演进迅速，参与主体不断增多，复杂性大幅增加，但是城市规划模式的变革依然相对滞后。由于长期以来城市过度重视开发建设，而缺乏对社会治理的关注，缺少对城市存量空间进行精细化提升和管理的技术手段及数据整合和数据开放的机制。在这样的背景下，智慧城市的发展也面临着由以技术和蓝图为导向，向以人为本、以问题为导向转型的必然要求。

在城镇化发展新阶段，智慧城市发展模式亟须强调人本主义的价值观，充分落实国家新型城镇化政策，体现地方特色，创新政策机制，利用信息技术推动公众参与和社会治理。在市场化进程中，新型智慧城市作为知识社会新一代创新环境下的城市形态，将以市民的福祉为根本出发点，通过信息开放、

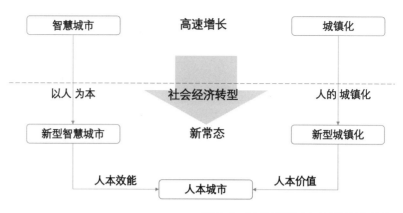

图 1-2 新型智慧城市与新型城镇化的关系

共享共治，有效处理城市公共事务，实现城市由生产管理向服务治理、由技术蓝图向综合治理的转变。信息社会的建构应融合工具理性和价值理性的共同策略，真正实现让技术为人所用，建成智慧城市与新型城镇化耦合的人本城市（图 1-2）。

第 2 章

城市变革：从生活方式到数字图层

Chapter 2

Urban Transformation: From Lifestyle
to Digital Layer

在当今，关于科技如何驱动城市变革的研究与论述层出不穷。本章致力于运用人本主义现象学的视角对此进行分析。现象学是一种"洞察人与自我、人与人，以及人与世界之关系的新视角"（高慧慧和周尚意，2019）。在城市数字化的背景下，现象学关注新技术对人日常生活的影响，强调存在主义心理学的"生活经验"。这种方法体现了人本主义视角和身体感知的特点。现象学的视角和分析逻辑有助于从人的角度观察信息通信技术应用的影响，更好地理解技术现象在社会整体中的作用机制。通过对具体、生动、形象的案例进行研究来解释人的行为变化，并基于人本尺度的情景进行理论的抽象。在分析过程中，会将研究者个人观察的视角与研究对象进行开放式的互动。本章将展开基于经验和体验的现象学分析，为后续章节的智慧城市空间变革研判提供经验素材。

2.1 感知网络与数字场域

在当今，移动互联网以大数据、认知计算、深度学习的前沿技术为核心基础，以信息通信技术为驱动，以智能手机等移动终端[1]为载体，极大地影响了市民的日常生活，也改变了社会功能边界、组织结构和社交关系。

数字技术的应用和集成在城市各个角落展开，通过建设泛在传感器网络，采用智能感知技术，形成全体居民行为与城市环境的海量数据库，为更准确地分析和预测居民行为和城市问题提供依据。数字服务提供商和城市管理者都对城市各元素开始进行深度分析和智能控制。网上购物、智慧医疗、在线公共服务等，每一项应用背后都是互联网、物联网和大数据等多种技术方法的集成，通过多元多维的数据分析体系的复合，集成GPS数据、手机定位数据、基于位置的服务（LBS）数据、社交网络数据等，进而在各个时空情景中进行多元多维的数据分析，与居民通过数据感知城市，居民行为同时也进入后台数据库进行再分析。早在20世纪90年代，面对日益数字化的空间环境，卡斯泰尔（Castells，1996）提出"流空间"（space of flows）的概念："社会实践出现了一种新的空间形态特征，主宰并塑造了网络社会——流空间。""流空间是时间共享社会实践的物质组织，通过各种流开展工作。通过流的作用，我了解了占据互不相交的物理位置的社会行为者之间有目的、可重复、可编程的交流和互动序列。"

在城市规划领域，沈尧等（2021）将空间句法概括为"以流定形、以效定形"的设计路径，提出在新数据条件下以城市空间网络和人流等分析城市结构关系的城市设计方法，以实现对于城市干预的精准性。

信息时代的城市，不仅仅是路网、用地、建筑群体和人的集合，它更像是一

1　智能手机和手表、手环、平板电脑、联网汽车、POS机、可穿戴智能设备等诸多移动终端。

部"超级计算机",各个"超级计算机"又通过区域性、国际性的信息通信网络,形成了数字化的全球城市网络。通信网络将每个人所拥有的智能设备通过网络和信息传输、流动集合起来,基于位置的服务为个体的活动赋予空间信息的意义,4G/5G 信号和 Wi-Fi 则形成了城市的新场域。物联网与边缘计算使得城市不同层次、各个领域的组件、构建、模块等都成为可感知、可计算甚至可变、可交互的要素。人—机—物三网相互耦合发展出共生智慧系统,数字场域因此生成。正如法国社会学家皮埃尔·布迪厄(布迪厄和华康德,1998)的定义:"一个场域可以被定义为一个在各种位置之间存在的客观关系的网络,或者一个构型……这些位置得到了客观的界定,根据其在不同类型中的权利或资本。"移动互联网形成的新的场域,重新定义了社会各参与者的支配、屈从等结构关系。

更重要的是,从个体视角来看,智慧城市带来了智慧环境。我们一天 24 小时的生活:学习、工作、休闲、交往、交通、消费等,无不与数字化技术、应用和场景密切相连。通过"感—传—智—用"的技术逻辑,信息通信技术已经营造出一种无处不在的泛空间,我们每个人都沉浸其中,无法自拔。移动互联网与智能设备在给城市社会经济带来巨大变革的同时,更对居民的社交网络造成了非常大的冲击。智能手机已经深层次嵌入了我们日常生活的每个细节之中。在城市的各个角落,通过手机阅读的"低头族"随处可见。这可以被称为是一种"手机城市主义"(Mobile Urbanism):都市日常生活被手机所主宰。人们平常交流最多的对象,已经不再是人,而是智能手机。人们甚至可以足不出户地生活,只靠一个智能手机,几乎可以做所有的事情,从购物、餐饮(外卖)、在线教育、影音视频,到联网游戏、网络约会……从早上醒来到晚上入睡,智能手机与人形影不离,几乎成为人体的一部分。手机为我们提供所有的服务,也记录下我们全部的时空行为。对于个人来说,得到了彻底的便利性,但也失去了一切隐私。

存在主义心理学家罗洛·梅在 1983 年强调人类"在世界之中存在"(being in the world)同时存在于三个场:生物场(umwelt 或 world around)、

图 2-1　摄影作品 *Removed*

社会场（mitwelt 或 with world）和自我场（eigenwelt 或 own world）（梅，2008）。这三个场如今应当再叠加数字场域，以开展对人类存在的新认知。美国摄影师埃里克·皮克斯吉尔（Eric Pickersgill）拍摄过名为《移除》（*Removed*）的系列作品，作品中包括许多家庭、学校、剧院和街边等日常生活场景，照片内所有的手机、Ipad 等电子产品都被 PS 软件处理掉了（图 2-1）。被消除了手机等电子产品的照片，使原本常见的"低头族"场景变得非常荒诞：照片中的人茫然地举着手，如雕塑一般。没有智能手机，我们已经不知道如何与他人交流。城市本是人类聚集并且交流的空间，在智能手机的影响下，它已经不再具有这种促进人与人之间交流沟通的作用，失去了原有的场所感。手机不再仅是一种信息的媒介，而成为支配都市信仰的图腾。

移动互联网重构了我们的城市空间，手机亦可成为我们观察城市的工具。在新的技术—行为环境下，城市超越了实体物理空间的属性，而成为网络空间。网络空间是比特对现实空间的虚拟，通过智能特性和更强大的共享、共联实现了对物理世界的超越（周榕，2016a）。

在城市规划的大数据分析研究中，常见的城市在早晚高峰时所产生的通勤轨迹，是网络空间对城市居民活动的呈现，其与传统地图所表达的信息截然不同，大数据分析使我们对城市的形态与空间属性有了新的理解。手机信令数据生成的轨迹为"参与即感知"（拉蒂和克劳德尔，2019）。城市中的数据收集可分为三类：机会性感知、传感器部署和群智感知（crowdsensing）。其中，群智感知是基于众包思想和移动设备感知能力来获取数据的模式，各种智能设备内置传感器，如摄像头、指南针、GPS、麦克风、加速计、陀螺仪、电容式湿度传感器等。大规模采集用户数据形成群体数据集，从而得到新的维度来描述和理解城市。

移动互联网为每个人提供了随时可以进入的虚拟空间入口，虚拟空间具备了与实体空间相类似的属性，并与实体空间展开了对人和物等资源的争夺（周榕，2016b）。对于传统的公共空间而言，来自以移动互联网为代表的信息技术对其冲击巨大。人流聚集与活力，一直是公共空间的核心价值所在。但人的交往方式的改变，导致了这样的后果：哪怕有人聚集在公园这样的公共场所，人们也很少进行交流——大家都在和手机进行交流。

商业场所是另一种典型。信息技术造成购物消费活动"去空间化"的趋势，这对传统的商业设施布局和运营都提出了巨大挑战。网络零售市场交易规模保持快速增长，并且不断诱导消费者超常的消费欲望，网购总额占社会消费品零售总额的比例不断提升，"双十一"甚至被称为"网络时代的春节"。电子支付在很大程度上取代了现金。资本借助网络的力量，无孔不入地为日常生活植入消费主义喧嚣。电子商务对实体商业的冲击非常明显：许多传统商场、购物中心、商业街均出现倒闭潮，购物中心等纷纷通过引入各类体验、娱乐、展示活动来提升人气。商业综合体愈发异化为游乐场所，成为城市的"异托邦"（李昊，2016a）。这意味着商业空间不再通过最本质的商业要素——商品来吸引目标客户了。

数字场域中，人工建成环境生成的底层逻辑是否会发生改变？韩国电影《寄生虫》中的场景给了我们一个生动的案例。2020 年，这部韩国电影横扫奥斯卡，斩获多项大奖，成为首部非英语的最佳影片。虽然该影片并非英语制作，但是在世界范围广泛传播，引发了各个文化背景的观众的广泛共鸣。在某次采访时，导演奉俊昊半开玩笑地说，"与其说电影是因为反映了贫富分化问题而在全球流行，不如说影片开头两个年轻人举着手机寻找 Wi-Fi 信号的那一幕就打动了观众，全世界人不都是这样吗？"[1]

电影开头的一幕中，主人公兄妹在半地下室的厕所里举着手机寻找 Wi-Fi 信号（图2-2）。此刻，本来不是作为交往交流空间的厕所，承载了"家庭网吧"以及"数字化客厅"的功能。这不禁让人思考，传统建筑学中的"形式追随功能"原则在数字环境下是否会成为"形式追随信号"？通信信号，以及通过网络构建出的数字世界的场域，将改变人们的空间使用逻辑（图2-3）。在新的信息场域影响下，空间构成将被重新组合，并展现出新的生成方式。

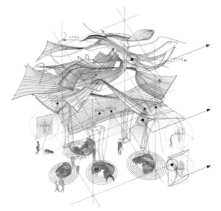

上图 2-2　电影《寄生虫》剧照：主人公在半地下室的厕所寻找 Wi-Fi 信号

右图 2-3　数字场域与日常生活组织示意

1　戈弓长. 破影史纪录，韩国电影改编现实题材如何平衡世界性与民族性？[Z]. 文学报公众号，2020-02-10.

2.2　数字化生活与虚拟空间生产

1. 人类生存的数字化

技术与生活的交互关系一直是建筑与人居环境演进的重要主线。建筑评论家吉迪恩曾提出建筑面对的三大问题：面对新技术的不可逃避性、面对历史遗产的空间美学，以及面对生活的现实（吉迪恩，2014）。进入信息时代后，数字技术与人类生活密不可分，成为我们营造人居环境的技术基底（图2-4）。

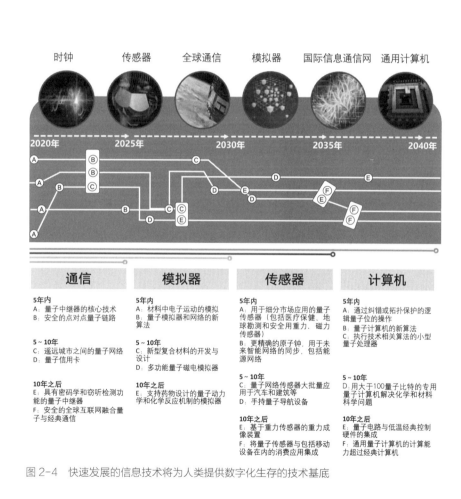

图2-4　快速发展的信息技术将为人类提供数字化生存的技术基底

早在互联网刚兴起的 20 世纪 90 年代，MIT 感知城市实验室主任创始人尼葛洛庞帝（1997）在《数字化生存》中便描绘了数字技术和网络技术对人们生活便利性的提升，以及对各类文艺创造的深刻影响。他提出了数字化生存（being digital）的概念，认为未来的人类将生存于虚拟的、数字化的空间之中。随着信息技术对日常生活无孔不入地渗透，人们的生活时空日益数字化。根据 QuestMobile 中国移动互联网系列报告，截至 2020 年 9 月，中国人平均每天使用手机的上网时长已达 6.1 小时，而这一数据在 2023 年 6 月已达 7.2 小时。这意味着，若再加上工作时的 8 小时（大部分时间也是在电脑上处理工作），人们除了吃饭睡觉，一天中绝大多数时间都在虚拟世界度过。沉浸于网络并无所事事地刷手机的网民，就类似于现实世界中的本雅明的城市漫游者（flaneur）。

数字化生存的本质是人机共同体的演化。提到人机关系，这里需要引用一个概念——赛博格（cyborg: cybernetic organism）。赛博格是机械控制论和有机生命体复合的概念。国外的一些未来学派存在一个观点，认为每个人都是进化中的赛博格：一方面人的身体在科技的作用下，变得越来越机械化与智能化；另一方面技术本身，例如人工智能，也变得越来越人性化。最终两者就会合二为一，形成一种人与机械的混合体，被称为赛博格。

这种很多人认为几百年后才可能出现的图景，其实已经发生在我们每天的日常生活之中了。赛博格正是我们每天发生的故事。在人工智能技术不断取得突破的同时，我们已经越来越离不开智能设备了。比如智能手机，它虽然不是一个嵌入我们身体的设备，但是绝大多数人 24 小时离不开它，一旦手机没电或者没有带手机，现代人就会陷入焦虑。

这种焦虑和我们失去一个器官相比别无二致。智能手机和我们的身体绑定在一起，如影随形，因此这个联合体，可以看作是一种进化中的赛博格。每个人都低头看着自己的手机，这样的场景在所有的公共空间都可以看到。随之而来的，是人与人现实交往的逐渐淡化，每个人依附于手机这个虚拟世界的入口来进行社交。我们也越来越习惯借助虚拟助理设备为我们的行为做出决定：听歌、接受新闻推送、选择饭店和确定交通路线。越来越多的可穿戴设备和人体工学设计的器官也已经开始成为我们身体的一部分，智能设备义体化看上去已经是大势所趋，而可穿戴设备和外骨骼等也将使得人摆脱了肉身桎梏（姜斌，2019）。人工智能和认知科学专家皮埃罗·斯加鲁菲（2017）在《人类2.0——在硅谷探索科技未来》中展望了三种技术对人类影响的可能：消长——新技术让人丢失了动手能力；延伸——技术实现人类身体延伸；倒置——新物体借助人类而诞生。

携带智能手机和使用可穿戴设备的人的时空轨迹，即为一个赛博格的轨迹。拉蒂和克劳德尔（2019）参照物联网将赛博格集体化的趋势称为"体连网"（Internet of bodies）。如果每一个人是一个赛博格，我们所有人通过连接便共同组成了赛博格城市。赛博格群体的轨迹可以用来了解整个城市的空间结构。未来城市规划师在研究城市时，看到的底图可能不再是地形图或者是用地现状图，而是由赛博格"体连网"展现出来的赛博格空间。

赛博格城市正在发生，比如雄安新区数字孪生城市的建设，意味着我们在地表上建立了一个实体空间城市的同时，在同一个时空范围内，又建立了一个虚拟世界中的数字城市。两个城市的共同叠加被称为数字孪生城市，它将是未来城市的一种形态。此外，随着机器人的发展越来越深入，未来人居环境也将为机器人提供空间支持。类人形机器人将很好地适配现有人居环境，并得到快速普及。

人机关系将从人—手机拓展到人—机器人，后者也将颠覆人类社会关系。机器人与人共存，也会对城市物质空间形态提出新的要求。城市级智能物联网综合服务商特斯联在一些地方打造未来城市的样板AI Park时，就在建筑设计阶段将轮轴底盘机器人作为建筑环境使用主体的一部分，以实现人机对空间的双重驱动。AI Park普遍在墙体之中集成机器人坡道使机器人可自由到达各个区域（图2-5）。建筑将演变成为人—机器—室内环境的复合系统。

图 2-5　特斯联 AI Park 机器人使用建筑空间效果图

互联网技术的进步，让生活从线下转移到线上，随着生活的片段愈发展现于虚拟世界，我们生命的一部分也寄托于此。在一些计算机行业从业者（也被称为"码农"）聚集地，这些高素质人才，每天参与着全球最前沿的科技研发，却居住在较低人居品质的环境中。有码农戏称，不管周遭的环境多杂乱，"有根网线就是天"（李昊，2019）。放眼未来，或许从更长远的尺度上看，都市也只是人类与周遭环境纠葛历程的一个阶段。与沉重的肉身相比，服务器和存储介质更能为人的意识提供长期的安身立命的场所。当我们把情感上传到虚拟世界后，服务器或许就是天堂。

随着技术的进步，人们又开始了对数字化生存的尽头——数字化永生的展望。在 2019 年，78 岁的美国作家安德鲁·卡普兰参与了 Nectome 公司的 HereAfter 计划，利用对话 AI 技术和数字助理设备，在云上实现形象的永生。他将成为第一个数字人类——"AndyBot"。而 Nectome 公司将以此为契机，持续进行以计算机模拟的形式复活人类大脑的工程。

这种行为可以视为是赛博格的终极演化。碳基生物始终存在着生命周期的限制，而硅基生命体似乎可以超越这种生理性的限制。人类希望达到数字意义上的不朽。最新的科技已经触及意识的载体——大脑。人工海马体和意识芯片，已经开始能够帮助脑萎缩的人承载一部分意识。世界已有一些富豪投入巨资，进行意识上传的研究，试图为自己实现一种永生的路径。

探讨科技与社会关系的科幻系列剧"黑镜"第三季为我们塑造了圣朱尼佩罗这样一座"虚拟城市"（图2-6）。这座城市基于所有游戏玩家的记忆所

图2-6 "黑镜"之《圣朱尼佩罗》剧照：个人意识上传云端的世界

组成。每个玩家都以访客身份来到这里，进行各种人生体验。他们在现实世界中濒死前，可以选择将个人意识上传到云端，在圣朱尼佩罗这座永恒之城中实现永生。威廉·米切尔（2005）甚至把数字化永生概念拓展到城市："以网络为媒介的数字时代大都市将获得永生。"

一直以来，植入人工器官并不被认为是对人类本质的改变，然而，如果越来越多的器官被智能设施义体化，甚至当人的记忆已经开始从脑细胞转移到芯片上时，我们必须直面忒修斯之船的悖论了：当肉体和意识的构成与承载要素都在不断被替换时，我们是否还是传统意义上的人类？我是否还是我？这可能会延伸到一个更加终极的思考：随着科技的发展，人类的定义和边界都在不断地延展，决定人之所以为人的东西或许并不是永远不变的。也许我们应该展开更深一步的讨论：数字技术是否能创造人类？是时候开展这样的讨论了。

2. 社交网络、文化生产与公共空间

城市不仅是经济增长的机器，也是贮存多元文化的容器。霍尔（Hall，2014）非常强调文化在城市规划与建设中的作用，他认为城市不能脱离其文脉和根基的文明而存在。当下的数字文明已成为城市文明的重要表征，我们需要在城市规划中思考数字文化的各种影响，探寻数字时代城市文明基因传承与演进的路径。

随着信息基础设施的普及，大众文化经由社交网络与新媒体，对社会关系进行了重要重构。网络直播是典型案例，在某种意义上推动了一种公共的、自下而上的文化再造。事实上，在互联网出现之后，波普艺术与大众文化日益"比特化"（数字化）。移动互联网作为一种新型的媒体介质，更具有粒度小、自由渗透、无处不在的特性，其引领的网络文化更加具有下沉的趋势和草根的特征。

按照哈贝马斯（1999）的公共领域（public sphere）的概念，公民对于公共议题的参与和互动，可以得到一个广义的公共空间的概念：不仅仅包含广场、街道、咖啡馆这样的具体场所，也包含网上直播间、聊天室、BBS、网上社群等网络空间。与广场和街心公园这样的物质性公共空间不同，数字世界的公共空间的尺度远远超乎我们对传统空间的想象。在这样的公共空间中，资本通过对交流行为的介入，推动着人际交往的异化，并进行着快速的迭代更新。信息的传输、交互、算法主导了虚拟空间的文化生态和拓扑关系。随着数字系统的进步，新一代消费产品形成了"无处不在"的消费环境（拉蒂和克劳德尔，2019）。在线社交不断出现直播带货等新的商业形态。资本在其背后悄无声息地制定了游戏规则，对这一切的社会关系和空间关系的演化推波助澜。以信息技术和网络社群为依托的共享经济对城市社会经济和政治文化带来了挑战，其新业态及其的空间需求，成为城市更新和治理转型的触媒（何婧和周恺，2021）。

基于网络直播所产生的一种具有影响力的亚文化就是喊麦。喊麦一度是网络直播中最流行的演艺形式，也带动了大量网络亚文化群体的出现。值得注意的现象是，喊麦特别具有地方性。相当多的喊麦歌手都来自东北，甚至有这样的说法："东北产业转型，重工业靠烧烤，轻工业靠喊麦。"喊麦的发展，与美国以说唱音乐为代表的流行文化的兴起，有一定相似性。以底特律为代表的美国铁锈带城市，在产业衰退后，逐渐形成了草根嘻哈文化。尽管喊麦与美国的说唱文化在音乐本质上并无关联，但这种草根生成流行文化的机制，映射出跨越大洋的文化地景的一种异域重构，也为地理媒介提供了新的内涵。

网络社会极大地改变了广义上的都市空间，使空间更加碎片化和模糊化。一个个网络直播间，仿佛社会生活的"容器"，呈现着人们线上线下活动的复合性。在2017年兴起的一种直播活动——"尬舞"非常能代表对公共空间使用的线上线下相融合的特点。与以往表现出集体性的广场舞不同，尬舞更加强调打破舞蹈常规，极度突出个性，并在直播的推波助澜下不断突破大众常规认识的边界。

尬舞实质上是移动互联网支持下的一种自发的娱乐升级。舞者多为社会低收入群体，由于没钱到高档舞厅消费，于是在公共空间通过一种"群魔乱舞"的方式进行情绪宣泄。在现实中他们只是向围观群众进行展示，但是通过移动互联网可以无限地扩展受众，传播到各地。尬舞集合了公众与个人的情绪表达，通过移动互联网实现了一种对公共空间的再造。它将舞者重新拉回了一度人气不足的广场，创造出了一个为低收入群体提供的"夜店"，在现实和虚拟的世界中为公共空间增加了人气。舞蹈来自现实空间，传播于网络空间，最终又反馈到现实空间舞者的舞蹈活动上。在这一过程中，网络公共空间通过观看者的反馈，主动向社会生活进行了渗透。这种在虚拟和现实之间打通的闭环信息流，实际上重塑了虚拟和现实空间的使用关联。如今网络歌手通过移动互联网介入公共空间屡见不鲜：歌手在广场演唱并同时直播，来听演唱的年轻人大多都是其粉丝。大家一起在网络社群里组织活动，并且在线点歌（图2-7）。

图2-7　歌手在商业广场表演，通过直播和粉丝群线上线下互动

网络文化生态也呈现出一种"同质化的多样性"，看似拥有无限选择权的网民，在众多直播网站上看到的只是千篇一律的网红脸。看似张

扬个性的尬舞者，在直播观众的逆向选择下最终表演出高度相似的舞姿。而社会分层也在虚拟空间展开，并且更加割裂。"同一个世界，同一个梦想"的口号具有典型的实体空间性，而在虚拟的网络空间之中，不同的阶层人群主动选择分化，并随着互联网扁平化的趋势不断扩大。

笔者团队曾与字节跳动合作，基于短视频对城市及网红空间进行大数据分析（图2-8）。这项合作利用了字节跳动巨量引擎，整合今日头条 App、抖音 App、西瓜视频 App 等每日拥有过亿用户的脱敏数据进行分析。我们着重挖掘了短视频影音图像数据，分析网络社交与网络文化的内容，通过数据分析、人工智能和区块链等领域的合作研究，能够深入理解新媒体与城市空间在现实与数字世界之间的多维互动。通过相关研究，可以有助于设计师在城市中打造吸引人的景观形态和潮流空间，以传播文化、吸引人们驻足和交流，形成独特的网红地标。

时尚的成都 创新的冒菜冰粉杯
恢弘的西安 历史与现代交融的商业街
火辣的重庆 在火锅店拍摄的喜剧短片
国际的上海 M豆旗舰店购物体验
地道的北京 美食与绝活的展现
年轻的深圳 逛街时的有趣体验

图 2-8　基于短视频对城市繁荣活力的分析

3. 新经济的空间模式

当前正处于新一轮科技革命和产业变革的加速拓展期，数字化、智能化技术不断促进新产业、新业态和新商业模式的发展，而新冠疫情更加快了这一进程。随着全息投影、在线 AI 协作、元宇宙等技术的发展和数字基础设施的普及，还有视频会议、智能家电以及增强现实（AR）和虚拟现实（VR）的推广，远程办公、SOHO、自由职业、居家办公、AI 协作、全息投影会议、在线教育、数字游民等新的经济模式层出不穷。瓜里亚尔特（2014）认为借助网络办公，"雇员—公司—工作场所—建筑"的关系已经被新的"工作—实体空间"关系所取代。疫情大幅度提升了远程协同商务办公的需求，云服务企业加速推进了在线办公服务，同时也催生了大量的"无接触服务"的迅速发展。无人物流、无人零售、无人餐饮、VR 娱乐等更多"无接触服务"商业模式如雨后春笋般纷纷出现。

欧睿国际《2021 全球十大消费趋势报告》提出"数字化物理现实"的概念："物理和数字世界交融在一起。数位工具可让消费者在家保持与外界的互联，并能在经济重新开放后再安全地回到外部世界。数字化物理现实是物理和虚拟世界相互混合的环境，消费者可以在线下和线上畅享生活、工作、购物和娱乐。企业可以将虚拟流程整合至物理空间中，让更愿意待在家的消费者舒适地享受到冒险出门的体验。"在疫情期间，居民待在家中的时间更长，通过虚拟方式参与以往面对面的社交互动。新技术也帮助人们形成了新的工作、学习、购物和社交习惯。数字化工具构建了数字化物理现实，强化了人们的虚拟联系。腾讯会议等应用在跨物理空间中建立了新的人与人交流沟通的协议。随着数字技术的发展，人们可能会更加依赖数字工具来开展和参与各种日常活动。

从更广泛的视角来看，疫情加速的线上办公等只是企业数字化转型的一个环节。各行各业积极利用新型基础设施打造信息优势，数字技术不仅可以用于线上办公，还能对企业整体业务模式与流程进行全面的数字化提升，贯穿于生产、研发、供应、销售等环节，充分释放数字经济的潜能。

而新的经济模式也将对城市空间的功能产生深刻影响。首先是公共空间功能的变化。疫情期间，扬·盖尔团队（2020）发现在丹麦广泛展开居家办公的城市中，公共空间仍然持续被使用，虽然行人流量显著下降，休闲锻炼的人却有所增加（图2-9）。这很容易理解，在酒吧、夜店、餐厅、健身房、运动场都关闭之后，公共空间成为难得出门透气的人们进行活动的首选之地。街道和广场，不仅是城市的会客厅，甚至会成为城市的健身房、咖啡厅和运动场。

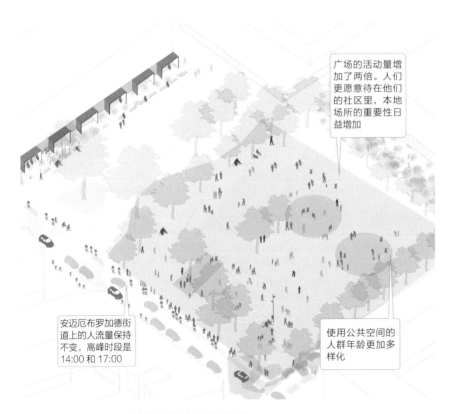

广场的活动量增加了两倍。人们更愿意待在他们的社区里，本地场所的重要性日益增加

安迈厄布罗加德街道上的人流量保持不变，高峰时段是14:00和17:00

使用公共空间的人群年龄更加多样化

图2-9　疫情期间居民对本地公共空间的使用情况

新经济模式下，线上办公将会带来经济活动的组织模式和通勤模式的变化。由于企业将采用分散的工作模式，在员工线上协作的混合框架内，可以选择居家办公或在居住地附近的共享办公空间、咖啡厅等处工作，减少到办公楼的通勤行为。而适应未来趋势的办公空间可能不再是在单一地点的单一建筑中，而是更多地融入丰富的城市肌理。办公空间的体验感和丰富度、敏捷性和灵活性都将提升。未来的城市，各个区域应规划出适合步行、宜人的环境，同时具备混合生活、工作和娱乐等的复合功能，而不是以单一功能为主导的空间。

在宏观层面，城市空间结构也将发生变化。德尔文塔尔等（Delventhal et al.，2020）使用洛杉矶大都市地区的定量模型分析发现三个空间影响：①工作岗位转移到城市核心区，而居民则转移到城市边缘；②交通拥堵下降，出行时间减少；③房地产价格空间分布发生变化。由此一来，城市中的极端通勤情况会得到缓解，减轻公共交通的压力，同时减缓城市蔓延的趋势。在这样的情况下，城市规划极有可能从构建单中心 CBD 的集中式规划，变为引导城市各个片区构建 15 分钟生活圈的有序分布式形态。

4. 元宇宙与虚实交互

元宇宙的概念最早来自于尼尔·斯蒂芬森的小说《雪崩》。书中第一次提出了超元域 metaverse 的概念，描述了一个与现实世界平行的虚拟世界，人们借助虚拟替身在其中交流和创造。被称为元宇宙之父的马修·鲍尔在元宇宙相关的科技商业领域具有深刻影响，他在《元宇宙决定一切》（鲍尔，2022）中这样为元宇宙下了定义："大规模、可互操作的网络，能够实时渲染 3D 虚拟世界，借助大量连续性数据，如身份、历史、权利、对象、通信和支付等，可以让无限数量的用户体验实时同步和持续有效的在场感。"可以看出，相比于静态的物理空间向数字空间映射的数字孪生系统，元宇宙更加强调虚实交互的"在场感"，并具有交往特性。在数字化时代，人类始终是社会性动物，身份认同和社交属性依旧是我们群体价值不可或缺的组成部分。

受 2020 年疫情影响，NBA 季后赛在封闭的园区举办。观众们在电视直播中看到的赛场景象颇为特别：球馆内进行比赛的是真实的运动员，而观众席上却坐满了以数字人的形象出现的全美各地的观众。这种远程观看和虚实交互的情景令人印象深刻。随着 2021 年元宇宙技术的兴起，这个概念贯穿了整个年份。Facebook 创始人扎克伯格将公司更名为 Meta，意味着科技巨头在技术方向上的转变。在疫情期间，美国的许多家庭获得了居家补助，而其中一大部分资金最终被孩子们投到了应用元宇宙技术的游戏上。青少年们热衷于参与元宇宙的世界，通过游戏平台上数字人的形象构建属于自己的社交网络。

元宇宙是"数字化物理现实"趋势中最突出的应用，而且强调数字和物理世界的交融。部分虚拟流程可以被整合至物理空间中，使个体即使不处于外界但依然可以通过信息通信技术和数字技术保持与外界的交互。元宇宙可以看作是面向虚实交互需求的"数字基建"。相比于静态映射为特征的数字孪生，元宇宙将形成城市实体层与虚拟数字层的混合图层，模糊两者边界，促进两者融合。数字城市不再仅仅是对现实城市的模拟，而是人们进行交往、交流、交互和社会融合的新空间。随着数据传输和处理能力的增强，虚拟现实、增强现实、混合现实（MR）等终端设备的发展，自然交互系统和脑机接口（BMI）技术的不断进步，以及游戏引擎和人工智能生成内容（AIGC）的强大支持，元宇宙的沉浸感和交互性不断提升，用户体验也在不断升级。这些进步共同促进了元宇宙的发展，使其成为更引人入胜的虚拟体验空间，并与物理环境共同形成虚拟—现实系统（cyber-physicla system）（图 2-10）。

从空间生产的角度上讲，各类虚实交互的活动，反映出数字时代对空间的扩大再生产特征。信息时代的减物质化、服务化、即时化、去中心化等特征，以及包括 AIGC 在内的新的内容生产模式，都对城市的空间生产进行着颠覆。新的空间，一种实体和虚拟相互交织、彼此渗透的空间被创造出来。我们无法根据对传统空间的理解来判断这类空间的形态、尺度，但它又是实实在在

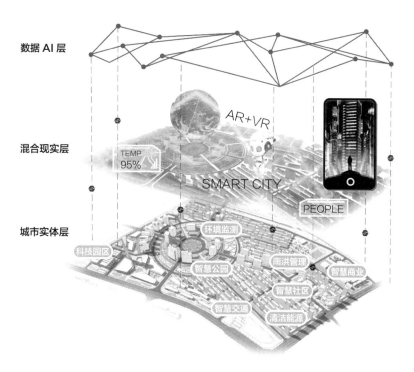

数据 AI 层

混合现实层

城市实体层

AR+VR

TEMP
95%

SMART CITY

PEOPLE

环境监测

科技园区

智慧公园

雨洪管理

智慧商业

智慧社区

智慧交通

清洁能源

图 2-10　从数字孪生到数字交互

存在的。正如卡尔维诺在《看不见的城市》中所言："看不见的风景决定了看得见的风景。"实体公共空间与虚拟公共空间的界限在网络信息的干预下逐渐模糊，彼此交织相融，呈现出新的形态。在这种环境下，人们拥有数字化身份，通过智能设备进行联网游戏和虚拟社交。数字内容与物理环境的紧密衔接，带来了全新的沉浸式空间体验。这使得人们在现实与虚拟空间之间更加无缝地互动。这是一种福柯的（2001）"异托邦"或爱德华·索杰（2005）的"第三空间"， 它有着异质性和高度混杂性。而虚拟世界向现实世界的反向渗透也在逐步发展，正如埃尔·库利等（2020）所言："当一个人可以利用真实世界的时候，为什么要模拟这个世界呢？"

最终应当看到，元宇宙带来的虚实交互，其最终目的还是要带来人们生活幸福指数的提高。中国工程院院士吴志强提出"以虚拟力量带动真实生活的繁荣"[1]，并提出 RAR 模式——"Reality（现实）+AR（增强现实）"，强调人本尺度和人本感知的元宇宙技术应用。其团队在"城元宇宙"系列项目中，将各地城市富有烟火气的大街小巷进行精密的数字化重构。

图 2-11　"城元宇宙"系列之"海元宇宙"

通过将现实中的生活场景与数字虚拟影像融合，实现虚实环境与市民的交互。在内容上充分挖掘本土文化特色和中国风格，让观众通过虚实互动感受到中国传统文化的魅力（图 2-11）。

中国文化历来对虚拟世界有着独特的诠释。在中国的文学传统中，梦境被视为虚拟空间的一种展示形式。从庄周的"梦蝶"到《红楼梦》中的"太虚幻境"，文学作品中常常描绘了虚拟世界与现实之间的微妙关系。人文主义地理学家段义孚认为中国文化"向来把所谓的虚拟世界、文学空间、想象空间看得比物理世界更重"[2]。在 20 世纪 90 年代初，钱学森就提出了应当基于中国传统的语境，将 virtual reality 翻译为"灵境"。唐克扬（2023）以白行简的《三梦记》为例论述了三种典型的现实空间与梦交叉的可能：第一种是梦中的空间存在于现实中，第二种是现实空间在梦中，第三种是多个梦境共享相同的空间。他认为："如果同一个物理地方能够同时成全这样三种梦境，虚虚实实，那真是蔚为可观了。"从这个角度上看，元宇宙驱动虚实交互实际上是为人造梦的艺术。这更加说明了元宇宙的本质不是静态的映射，而是通过数字交互让人在虚拟与现实世界自由穿梭。通过突破现实的制约，在美好的梦境中，在梦与现实的互动中，元宇宙能够创造更丰富的空间与生命体验，满足人们对美好生活的向往。

1　中国工程院院士吴志强：以虚拟力量带动真实生活的繁荣 [Z/OL].(2023-11-17). https://www.sznews.com/news/content/mb/2023-11/17/content_30593281.htm
2　吴丽玮，蔡诗瑜 . 纪念学者段义孚：传统城市形态依然有着当代生命力 [EB/OL].（2022-08-12）https://roll.sohu.com/a/576224893_486930

5. 基于数字活动的数字城市层特征

谷歌旗下的人行道实验室（Sidewalk Labs，2019）在多伦多滨水区的智慧城市项目（Sidewalk Toronto）中首提数据科技层（digital layer）的概念（图2-12），作为城市实体空间之上的数字城市的叠加。数字层不仅仅体现在信息基础设施和信号场域，更多地是依托人们的数字化交互进行创造。事实上，在空间领域，在传感器、界面、算法、数据库、网络构建的数字城市的场域中，人与人之间的交往活动，实际上促进了虚拟世界空间的形成。

许煜（2019）在《论数码物的存在》中，从技术哲学的角度将海德格尔和西蒙东思考的"技术物"拓展到当代计算机科学的语境之中，提出了"数码物"（digital object，即计算物 computational object）的概念，并对其在系统和环境中的存在结构进行了哲学考察。数码物与技术系统的关系将对

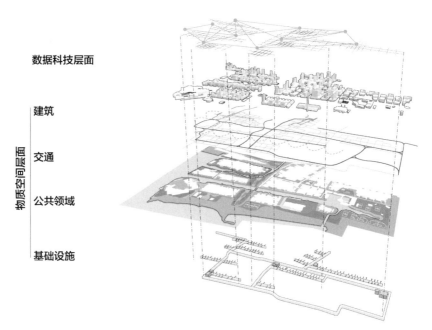

数据科技层面

建筑

交通

公共领域

基础设施

物质空间层面

图 2-12　Sidewalk Toronto 的城市设计图解

时间和空间进行重构。数码物包括数据、元数据、数据格式、个体以及其他处于语法化进程中的形式。从技术上讲，数码物有着全然的关系性。它与其自身的存在条件——社会技术产物（诸如通用标记语言 GML、标准通用标记语言 SGML、超文本标记语言 HTML 或可扩展标记语言 XML 之类的标记语言的规则和标准）共同构建起一个数码环境。移动互联网、物联网、普适计算不断生成新的存在形态与规则，改变（或规训）着人际交往模式。在这个过程中，自下而上、数码驱动的文化生成层出不穷，也对大众的社会文化心理造成影响。

而随着 ICT 的进步，数字城市层与实体城市层在现实城市中正在进行高频互动。物理世界中发生的由生产空间向生活空间的演变，在数字城市中同样也正在发生。随着人们对于精神需求的不断提高，虚拟世界也由服务于物质生产向服务于人们的社会文化、休闲娱乐转型。数字城市的空间性有着非常丰富的内涵，大致可以梳理出以下五点特征。

第一，自发性，体现为没有规划、自发生成的虚拟空间。比较有代表性的就是豆瓣的虚拟社区——阿尔法城。它从 2010 年底开始出现，到 2015 年消失。现实世界中人类城市的起源、发展、繁荣和衰亡的过程，都被这个数字城市淋漓尽致地展现，并浓缩在短短数年之中（数字世界对现实世界时间的异化）。通过阿尔法城，我们可以看出城市自我生长的状态——这和许多现实中的城市类似。在这个虚拟城市中，每个人可以自发地领一块地，进而与友邻共同构建一个社区，随着用户的逐渐进入，友邻们又逐渐开始提供一些不同的服务，并不断进行社会交往。阿尔法城实际上就非常类似于一个真实的城市，体现了城市的自组织机制，就像《没有建筑师的建筑——简明非正统建筑导论》这本书里所提到的，在历史上绝大多数城市都是没有规划而自发形成的（鲁道夫斯基，2011）。虽然阿尔法城的空间尺度和城市景观，很难用传统的规划和建筑学的概念去理解，但是这座虚拟城市最重要的特征，是内嵌了现实社会中人与人交往而形成社区与城市的机制。人际关系的拓扑网络、城市功能的自发形成以及城市空间的拓展，都使其具有了城市的属性，尽管在数字城市中，许多城市表征的复杂度都已经极大提升了。

第二，异化空间的批量复制。最具代表性的网络文化形式是直播。近年来，直播成为非常热门的网络名词。这种资本驱动的社交方式极大地异化了人与人之间交往的过程，这种交往的过程恰恰是在数字空间内进行的。直播间可以说是公共和私人空间的一种相互渗透。以往人们进行歌唱表演，大多是在歌厅、KTV 等相对公共的空间，但这些网络主播在自己的家中，尤其是在极具私密性的卧室里进行直播。将非常个人的、私密的空间暴露给网上成千上万的观众，颠覆了空间的公共和私密的属性。再举一个更普遍的例子：对我们来说，无所不在的微信工作群，同样也模糊了传统职住时空的边界。这种渗透同时也是一种边际成本为零的空间复制——直播给 10 个人和直播给 10000 个人的成本几乎是一样的。这样零边际成本的扩散，以及公私空间的模糊化，将极人改变我们对空间的认识。

第三，亚文化的生成。在内容上，网络文化最大的特点是用户生成内容（UGC）的模式。这是一种自下而上并且带有强烈草根色彩的文艺创造过程。这种模式实际上也有非常大的复制性。随便搜一首在平台上特别流行的歌曲，就会发现无数主播同时在唱这一首歌。看上去，自由的网络给我们提供了非常丰富的选择，但实际上我们得到信息更加单一：我们看到都是批量生产、极其类似的内容。几乎每一个直播间的表演内容都差不多，大家都是唱着那几首流行曲，观众甚至分不清那些面容雷同的网红主播到底谁是谁。直播间无论是从内容还是空间上，都体现出同质性、批量复制的特点。

第四，复合性：线上线下融合（O2O）的空间重塑。线上和线下的融合不只存在于互联网产品的推广，同样体现在互联网对空间再生产的线上与线下的交融。2016 年，一款增强现实的网络游戏，促进了虚拟场景与真实地景在空间上的叠合。精灵宝可梦（Pokemon Go）这款游戏代表的是数字城市和现实城市在同一个坐标点上的融合。尽管这两个城市，各自代表了不同的文化和社会背景。但最终造成这种融合的是什么？表面上看是这款游戏产品，而根本上则是游戏的玩家，每一位玩家都在创造两个场景的融合。复合性也反映在线上和线下文化生产的融合上。表情包作为一种互联网文化的再生产，在虚拟世界如火如荼地推广开来。互联网对于流行文化进行了一种再造，并且从线上走到了线下，实现了虚拟世界和现实世界的复杂交互。

第五，社会分异：社会空间的网络分异。在智慧城市刚刚兴起的时候，城市居民拥有更好的接入网络世界的物质基础。而偏远山区里的人则远离互联网社会，造成两者的认知差距越来越大，这种现象被称为数字鸿沟或信息鸿沟。而在当前，在通信信号无限覆盖，智能手机全面普及的情况下，每个人都能随时随地上网，数字鸿沟不再凸显，但网络世界出现了更为突出的社群鸿沟。现实世界中就存在的社会空间分异，在虚拟空间中则被指数级地无限拉大。有研究显示，不同城市的青年、不同社群的青年、不同收入阶层的青年，使用的 App、在网络世界的活动特点和时空特征，分异水平是非常高的。现实世界中的邻居，在网络世界中可能处于另外一个极端世界。城市研究者应当从社会文化心理的角度去理解数字技术的社会属性与空间属性。

2.3　赛博朋克：技术城市主义的警惕

当展望科技驱动的未来城市变革时，赛博朋克是不可回避的一个论题，它意味着科技让城市生活更美好命题的另一种可能。"赛博朋克"一词首次出现在20 世纪 80 年代的科幻小说《神经漫游者》中，其英文单词 cyberpunk 的词根来自信息学里的控制论 cybernetics 和具有文化概念的朋克 punk。其隐含的意思是，一方面信息技术控制万物，另一方面被科技所控制的人类也对其有所反抗和反思。未来社会中科技与人的关系也将展现出一种微妙的特征。这个词甫一出现，便影响了科幻作品对未来城市的描述。

图 2-13　电影《银翼杀手》剧照

赛博朋克作为成熟的艺术概念始于 20 世纪 80 年代电影的《银翼杀手》。这部电影称得上是大银幕对赛博朋克美学流派的定义。在电影里，我们可以看到未来科技对于整个人类社会的改变，但是这种改变伴随着非常混杂的状态，非常突出地表现了高技术和低生活的反差。未来科技制造的仿生人与真实人类看上去别无二致，但是人们的生活状态并没有得到很大改观。都市中经常能看到脏乱差的街景，夜幕下的城市光怪陆离、混乱无序，黑暗里充斥着肮脏的角落（图 2-13）。

观众会感到诧异，这种并不"先进"的街景，竟然出现在非常先锋的未来城市之中，这就给人带来非常错乱和迷茫的感受。这部电影所展现的赛博朋克风格，深刻地影响了后来许多科幻电影和电子游戏的场景设计。20 世纪 90 年代动画作品《攻壳机动队》的推出，又掀起了赛博朋克美学的高潮。这部电影在 2017 年被搬上银幕。其他具有赛博朋克元素的科幻作品还有著名的《黑客帝国》系列，它反映了人对技术和组织的反抗。2017 年，《银翼杀手》的第二部再度掀起了赛博朋克的热潮，电影所展现的一些场景，比如全息投影已经在现实世界中实现，一些会议已经开始用人像的全息投影取代传统电视电话会议。

我们可以总结出赛博朋克的都市观：一是全面信息化，这些作品都展现出信息高度发达、万物互联的未来人类社会图景；二是高度混合性，古典和现代、本土和异域、科技和传统、机器和人的形态都高度混合；三是其最突出的表征——"后工业化的反乌托邦"。艺术作品中的赛博朋克世界人口膨胀，贫富差距悬殊，社会秩序面临崩溃，人类遭受人工智能威胁。一方面，未来科技非常全面地提升了人类生活的便利性，但另一方面技术并没有解决两极分化等社会性的问题。从社会学的角度来讲，这是一种自由市场下由资本和技术驱动的社会达尔文主义。我们可以从中得到启示：技术不是万能的，我们需要在技术的基础上进行社会治理的调节和人文生态的优化。通过智慧城市规划实现城市组织与治理变革，使城市避免堕落（熵增），远离"热寂"平衡态（王伟等，2022）。

赛博朋克在现实世界的投影是高科技与低质量生活的叠加，更为直接的观感来自低质量的人居环境。赛博朋克的景观在建筑学上是一个非常经典的论题，美国和欧洲的很多学者都曾来到亚洲来感受这种现代和过去并存的混杂性，从繁华都市寻找那些相对落后的区域，从中进行建筑学和人类学的解读。最为经典的案例就是香港的九龙城寨，还有现在依然存在的重庆大厦。重庆大厦中进行着许多非正规的经济活动，这栋大楼也被称为低端全球化的一个节点，它展现了灯红酒绿背后城市的另一面。在我国各地的城中村也展现出了些许类似的景观，即"高技术和低生活"的混杂。

赛博朋克的艺术作品和理念体现了人们对于科技异化城市的担忧。它时刻提醒着人们在保持对未来乐观畅想的同时，要审慎地思考人与技术的关系。从技术的角度来看，当前，智慧城市席卷各地的城市建设，以信息化软硬件设施为核心的项目，在城市遍地开花。一方面，信息化技术提升了城市方方面面的运行效率；另一方面，各类"城市病"依然没有得到彻底解决。同时，数据安全和隐私问题也开始浮现。信息化基础设施作为一种景观，在建设中也没有完全与城市的景观风貌相协调。笔者曾在一条城市景观大道上，看到人行道两侧，一边是盛开的樱花，另一边是冰冷的摄像头，两者相互对视，没有对话。科技的发展让生活节奏越来越快,人们并没有获得更多休息时间去享受生活、体验生命。大城市的 IT 与互联网从业者身处技术最前沿,但许多人都是"996"甚至"007"的工作节奏,不禁让人产生疑问:为什么技术越来越进步,城市人却越来越累?年轻人愈发沉迷于电脑和手机,他们的感知与现实的城市环境脱节,这似乎有了一些赛博朋克的意味。从这个层面来讲,协调技术与社会、人居环境的关系,恐怕是今后智慧城市建设的重点方向。

2.4 智慧城市生态构建

1. 城市成为实验室

一直以来,城市规划的科学性受到质疑的一点就是无法像自然科学那样进行可验证的实验。而现在,城市规划的客体——城市本身就可以成为实验室。这种实验不同于历史学家观察过去的社会实验,而是通过即时数据反馈进行验证,实现社会观察、田野调查和自然实验的融合。

城市作为实验室不仅是搭建一种数据驱动的跨领域创新平台,而且是创造未来城市的一种路径。龙瀛和张恩嘉(2021)总结出新技术革命促进城市发展的三种路径,其中之一便是城市实验室。不断涌现、实时更新的海量多元数据为研究精细颗粒度下的居民时空行为、城市空间形态演化以及人与空间的互动机制都提供了重要素材。手机信令与 LBS 等高频数据能够最大限度模拟真实城市运行的状态。城市实验室包括了基于多元大数据与开放数据的城市认知实验以及在互联网平台上的类自然实验。在这个"实验室"中可以通过各种数据分析,定量、客观地认识城市,进而推动新城市科学的发展。

随着信息革命的发展,世界各地的高等院校、科研机构、企业和政府广泛开展了城市数据运营的合作。联合成立了各种类型的城市数据实验室。例如，美国麻省理工建筑系成立了跨学科的感知城市实验室，旨在研究当代数字科技是如何影响人们日常生活及改变城市面貌的，他们在海量数据的可视化和展示上进行了较深入的探索。美国哥伦比亚大学的建筑、规划与历史保护学院（GSAPP）成立了空间信息设计实验室，以数据可视化为主要研究目标，通过多方的数据合作，对城市数据和空间信息进行深度分析。此外还有苏黎世联邦理工学院未来城市实验室、伦敦大学学院高级空间分析中心等，都在推动城市规划与设计、城市研究以及和计算机技术与数据科学的交叉与融合。

城市实验室的价值不仅在于理论研究对城市政策制定的科学性支持，更重要的是挖掘产业转化的商业属性。在当前新数据环境下，城市实验室能够及时、动态地反馈信息的商业价值。这些实验室利用信息平台汇聚城市运营数据并进行分析，使智慧城市成为创意试验场。研究人员对共享服务平台及各个应用系统收集上来的大数据进行专业深入的分析并研发出各类应用，为政府、企业和研究机构提供专业数据服务，实现城市数据采集、开放和研究的市场转化。实验室的主要业务内容包括数据全程运营实验，促进城市规划的延伸和转型；"政产学研"合作，对数据开放进行有效监管；开放平台，吸引各类研究者和企业参与数据分析与产品研发；前端对接政府管理，为政府提供决策支持，后端对接市场，为公众提供产品和服务；孵化信息技术产业和中小企业等。

王伟等（2017）认为城市实验室是面向大数据的城乡规划创新实践，是适应数据开放应用的城乡规划研究与实施的 D-PPP（data public-private-partnership）模式探索。通过分析北京涌现出的城乡规划行业主导的两个代表性的城市实验室案例，总结出其各自代表的"政府 + 市场 + 社会"的联合创新。一种是北京城市实验室（Beijing City Lab，BCL），体现了外挂式大数据 PPP 机制。作为一种虚拟研究社区，BCL 集聚了有共同兴趣的研究人员，倡导建设关于城市数据的开放平台，并以会议沙龙的形式组织更多各行业的城市数据研究人员参与，形成研究网络。另一种是北京西城—清华同衡城市数据联合实验室（Urban Data Lab，UDL），被称为内嵌式大数据PPP机制。UDL整合了西城区的各项城市规划与管理的数据信息，涵盖社会、经济、人口、空间等多个方面，在规定许可的范围内，通过向学者、研究机构等提供数据资源和数据操作设备，促进各类科创研发和应用开发。基于与西城区有关部门的协议，通过对数据开放进行有效监管，实现面向城市创新的数据全程运营，向社会释放数据红利。

面对互联时代的创新环境，欧盟于2006年发起生活实验室（Living Lab）的倡议，强调通过"集体智慧和创造力"来解决当今社会的问题。作为欧盟倡导的知识经济的重要模式，强调以人为本和共同创新（宋刚等，2007）。生活实验室通过面向未来的创新模式，构建以用户为中心、立足本地生活和工作环境，以科创研发活动为纽带，促进市民、企业、政府和科研机构进行网络型协同创新。生活实验室后续拓展为城市生活实验室（Urban Living Lab），并通过进一步连接各主体、各类创新资源，形成开放创新社会（open innovation community）。

笔者曾经参与过景德镇"中欧城市实验室"项目。2018年9月在中欧可持续城镇化项目框架下，"中欧城市实验室"项目落户景德镇。中国城市规划设计研究院与景德镇市共同推进景德镇城市实验室建设工作。"中欧城市实验室"在景德镇探索以"文化＋科技"带动新型城镇化转型的模式，以文化为引领、以科技为支撑，通过引进欧洲在城市转型发展领域的先进理念与技术，将数字化技术应用和空间营造结合，推进城市建设和发展模式的全面提升，打造未来城市标杆。

2. 数字化公众参与

市民是各种城市主义的主体，正如拉丁语中"civitas"一词的含义：既指城市也指市民。随着大数据和新媒体时代的到来，信息通信技术通过社交网络、移动终端应用等相当程度上改变了大众传播和人际交往方式，也影响着公众对于城市事务的参与方式。ICT 提升了公众对于城市问题表达的自由度，新媒体工具和大数据生成工具为参与式城市规划转型提供了理想的公众参与平台和科研分析基础（王鹏，2014）。普通人可以利用新媒体工具，很容易地对于城市问题发声，并引发社会关注。而公众自发的评议信息，也为城市规划和管理的优化提供了科学依据。在这样的形势下，规划师有必要通过综合运用信息通信技术、大数据分析技术以及智慧硬件来打造众规平台，促进多方协作（政府、规划师、开发商、非营利组织以及其他企业），推动公众参与城市规划实践，创造出不同于理想蓝图和大拆大建的城市发展新模式。

近年来，城市品质和公共服务的质量成为热门话题，从社会对雾霾、交通拥堵、房价、极端灾害等诸多问题的热议可以看出，城市规划相关领域越来越成为公众议题，社会公众不断从各个层面深度参与城市公共事务。对于企业来说，企业针对不同区域、不同城市以及城市内部等各个空间尺度的经营策略和市场战略，都越来越考虑空间要素的影响。同时，面向个人的创业服务趋于饱和，而城市级的公共产品创新成为主流，如共享单车、共享出行、智慧快递柜等半公共产品，涉及城市空间因素的创新成果层出不穷，已成为创新的新方向。ICT 驱动的社交媒体和新数据环境，为公众和企业参与城市创新提供了平台和更多可能。

信息共享和众包能够促进公民社会的构建。信息社会有力地提升了公民的主体意识，由互联网引领的城市变革为公众介入城市事务带来了新的途径。ICT 的发展对人类社会最重要的贡献之一就是让沟通变得前所未有的畅通。过去，政府与基层民众沟通，除了制度上的因素外，技术上也存在障碍，现在这一障碍被大大减弱了。基层城市问题准确及时地向政府反馈已成为现实，而众包无疑是反映、发现城市问题的一个高效可行的方式。

以ICT推动公众的参与和介入，能够实现城市人本主义的智慧化、精细化发展。

一段时期以来，我国的智慧城市建设体现的是工具理性的逻辑，在一定程度上对城市造成了异化，并未能真正有效解决城市问题。在城镇化发展新阶段，充分利用信息技术推动多元的公众参与和协作来进行社会治理，将实现城市由生产向服务、由技术蓝图向综合治理的转变。新数据环境下，通过信息的无边界链接、城市咨询与服务平台的延展，以数据为工具和媒介，城市规划与开发运营的资源将和公众参与各领域的资源展开对接，通过跨界协同实现新的价值提升。

3. 创新生态系统

智慧城市能够搭建多元主体交流平台，促进数字时代城市的协同治理。智慧城市技术的重要应用即为城市开放治理模式的创新提供支持。通过多方合作的城市实验室以及开放数据竞赛，吸引社会各界力量参与城市数据分析和治理优化。通过 SOLOMO（社会化 social+ 本地化 local+ 移动化 mobile）等新媒体技术的应用，开创"多对多"机制，连接公众媒体和自媒体，使公众与政府可以频繁地互动，从而搭建动态化、机制化的平台，实现多元主体参与的协商共治。在笔者团队牵头的海淀城市大脑顶层设计中，就提出了政府主导，企业、社会和市民参与的思路，通过多方协作，共建城市大脑，服务数字城市、数字社会与数字公民。

单一自上而下、技术导向的智慧城市建设模式，正是多年前 IBM 和思科（CISCO）等大型跨国 IT 企业在发达国家倡导并换来无数教训的方式：单纯的信息化系统建设投资巨大，但对城市运行效率和市民福祉的改善极其有限；另外，技术的快速升级往往导致建成便落后的尴尬局面。在不断的实践当中，发达国家的智慧城市建设主流模式已逐渐转向公私合作、小微企业创新和社区参与等自下而上的行动。政府的角色，更多是通过顶层设计建立数据收集与利用的生态，通过数据开放和公众参与激活整个社会的创新活力，通过公众对于信息的回馈，以极低的成本去获取数据、发现问题和解决问题，最终不仅可以生成各种 IT 产品和解决城市问题的 App，更促成了整个社会创新体系的形成。2012年，欧盟委员会启动了"智慧城市和社区欧洲创新伙伴行动"（Smart Cities and Communities European Innovation Partnership，SCC-EIP），来统筹协调欧洲智慧城市创新的各类项目和行动，并带动欧洲城市相应领域的产业投资。

特别是在新经济领域，创新地区、联合办公室、企业孵化器和加速器不仅重塑了城市地理，也通过关联产业和社群交流形成生态系统（佐金，2021）。这些创新创业主体具有突出的数字化和网络化特征：其经济活动开展基于信息基础设施和数据资源；数字化既是创新工具，也是创业内容；人员和社群基于数字平台频繁地交流活动。随之而来的是众创空间、科技中心、创新综合体、城市未来中心等新经济载体不断出现在各地城市，并大量吸纳公共补贴和风险投资。创新系统随着资本的全球流动而不断链接、关联，最终形成全球网络。

智慧城市为城市创新注入了互联网思维。"罗辑思维"App的创办人罗振宇，曾这样高度赞扬信息技术发展对城市的巨大作用："互联网的发展改变了世界的运动轨迹，一场由城市公民、艺术家和企业家掀起的智慧城市改造运动已经如火如荼地开始了。开源的软件和数据、信息共享、众包，甚至你无心在社交网站上发布的言论都将赋予城市新的生命力。"拉蒂和克劳德尔（2019）则认为："通过建立适当的框架，城市空间可以进行一场变革，其作用不亚于软件行业的开源革命。"

智慧城市提供了通过群体智慧来解决城市问题方式的可能性。随着新技术驱动的信息资源组织模式的变革，基于互联网的群体协作（massive virtual collaboration）带来了用户生成内容模式的应用，个体在内容生产过程中的作用不断凸显。依靠海量用户生成内容，并且汇集大众智慧的群体协作平台，带来了知识服务的协作模式，也促进了智力服务的研发流程和组织结构的巨大变革。基于群体协作模式而产生的城市实验室、城市创新云平台，将在城市规划、建设和管理等行业内外部的应用领域有效促进协同创新。基于信息平台的协同式创新参与，背后的逻辑是人类集体智慧的应用：三个臭皮匠（可以通过汇集智慧），胜过一个诸葛亮。公众与社会的广泛参与，可以优化城市问题的解决方式，通过集体智慧的运作，找到复杂问题互惠互利的解决方案，创新泛城市类产品。因此，ICT 支持的公众参与平台不仅仅是技术平台，也是组织平台、社会协作平台，并驱动创新生态系统的构建。以笔者参与的海淀城市大脑顶层设计为例，通过构建创新合伙人的模式，不断更新城市治理新的典型场景应用，可以激发各创新主体的热情与高新技术产业活力。基于此，海淀城市大脑有效地促进了中关村科学城的创新环境提升，并推动完善了"创新雨林"的生态体系。

第 3 章

智慧城市的空间趋势

Chapter 3
Spatial Trends of Smart City

作为人类动机和环境构成的产物，空间性对人类来说至关重要（列斐伏尔，2015），是人类存在的本质特征（海德格尔，2006）。只要肉身仍在，我们依然会通过空间性存在于世界中。虚拟世界无法取代实体空间的生存体验，因此，空间永远是我们探讨人类生存与存在的永恒议题。本章从城市规划角度讨论空间，此空间采用米歇尔·特瑞普的定义，即"由边界定义的、封闭的连续体"，具有拓扑学属性和度量属性，也被称为实存城市环境（特瑞普，2021）。以 IT 技术人员为代表的实践者往往会忽略城市的空间属性，仅仅把智慧城市当作是一种 2G 产品来实施，造成了有"智慧"而无"城市"的问题。随着智慧城市发展到一个新的阶段，其在技术、政策、房产以及交通等不同领域，都展现出技术与空间耦合的变革趋势，这也是对智慧城市发展进行空间干预的时代背景。

3.1 技术趋势：
空间作为智慧产品的终极集成

在技术层面，数字环境与物理环境的不断交互促进了数字技术与空间营造的融合，正成为智慧城市的新趋势。特别是新冠疫情加速了"数字化物理现实"的变革。数字技术为城市提供了丰富的数据资源与应用场景，使得城市运行更加高效智能，同时也在驱动城市空间形态的演变。随着信息技术的飞速发展，智慧城市建设正日益向着空间不断信息化的方向迈进，传统的城市空间得以重新定义和塑造，呈现出更加智能、高效的特征。技术突破和社会变革在城市空间形成新的形态，尽管这个过程不一定会在短期内产生显著效应。但正如巴蒂（2020）所言，城市空间的变化相对于城市生活方式的快速迭代而言会显得缓慢。但在科技革命的影响下，城市形态一定发生着潜移默化的改变。

数据集之间的交集和叠加可以促进创新，而地理空间则是促进不同数据集相互联系的共同点（拉蒂和克劳德尔，2019）。从智慧城市演变阶段来看，在经历了以垂直领域应用为主的智慧城市 1.0 时代、以多元数据融合驱动的智慧城市 2.0 时代、以城市级智慧运营为特征的智慧城市 3.0 时代后，智慧城市即将进入数字与物理世界深度交互与空间集成化的 4.0 时代（图 3-1）。

从日常生活都市主义的角度，可以把空间理解为服务于数字时代市民生活的平台。万物互联、人工智能、虚拟现实促进了虚实空间的相互渗透。从智慧城市产品设计的角度来看，跨领域融合、多场景复合、多模态的智慧城市产品愈发体现出各垂直领域集成的架构。城市大脑作为智慧城市发展的更高阶段的产物就体现了这一特征。随着人工智能的发展，各类 AI 系统相互之间形成协作关系，形成多智能体系统（muti-agent system，MAS）并与人进行深度交互。例如在自动驾驶场景中，智能化道路、车联网、路侧设备、智能车辆与交通参与者共同形成多元互动的智能体系统。空间可以视为人—机多

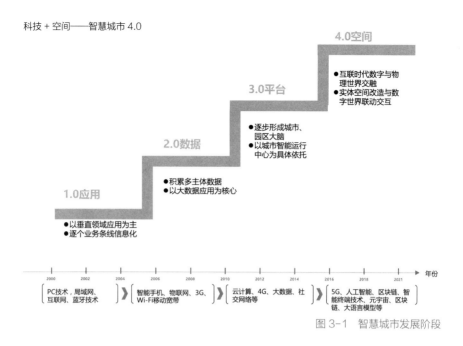

图 3-1　智慧城市发展阶段

智能体协作系统（multi-agent collaboration system，MACS）物理呈现的载体。

随着智慧系统的集成度不断提升，城市成为各垂直领域智能产品的终极集成。按照巴蒂（2014）的说法，"下一轮全球市场的产品潮流就是城市自身"。国内外的科技企业，都从多个领域介入各地智慧城市的建设。从企业的角度来看，智慧城市可以理解为一种以城市级场景为载体的新经济原型探索，它集成了不同的传感器（物联网）、大数据分析技术应用、优化城市基础设施运营管理和服务（水、能源、垃圾等领域）的集成系统，正在成为城市进化的助推器。技术创新与空间营造的复合生态体系，催生出更多的商业模式与新经济生态。

在城市建设过程中，引入已得到广泛应用的工程总承包（engineer procure construct，EPC）模式使城市建设工程更加科学化和精细化，而许多工程建设已经开始将土建工程与信息化工程共同纳入总包，实现了数字设施在空间资源上的优化配置。笔者曾作为专家参与深圳某智慧公园方案评审，该评审由建筑工务署和工信局共同组织，强调了土建工程与信息化工程的融合。为实现数字化场景落地，应充分考虑工程、场景和功能的适配，以避免出现空间与信息技术脱节的现象。以浙江省未来社区、广东省未来城市为代表的发达省份的案例，充分展现了信息化与空间深度融合的趋势。通过引入先进的信息技术，实现城市空间的智能化建设、管理和运营。基于未来数字化需求，协同打造创新城市空间，使其成为新经济发展的载体（表3-1）。

国内外科技巨头参与城市级智慧城市产品建设一览　　　　表 3-1

城市（地区）	科技公司	主要应用场景	年份
新万金（产业园）	三星	从城市规划到管理，利用人工智能、大数据等构建超链接社会基础	2020
裾野市	丰田	自动驾驶测试场地、智慧物流系统、新能源动力、家用机器人、传感网络与人工智能应用、融合日本传统建造工艺的木质建筑、移动办公、特色化景观设计等	2020
贵阳	阿里巴巴、腾讯、苹果	城轨信号系统，保障市民获得更安全、便捷、舒适的出行体验；5G 街区，以街区智慧实现城市整体智慧	2020
盖尔森基兴	华为	面向市民、企业与游客打造智慧城市样板点；新技术和解决方案的试验床；构建当地合作伙伴生态系统、扩展平台的枢纽	2019
多伦多	谷歌	无人驾驶的新型点对点交通系统、充满活力的全年全天候活动空间、更灵活高效的房屋建造模式、高质量的可持续发展标准、利用数据改善服务形成紧密联系的社区、激励创新的开放数字基础设施等	2018
阿德莱德	卡西欧	数字化服务平台，提供便捷的在线政务服务，建立智慧交通系统、智慧监控系统和智慧照明系统，整合城市公共资源，提升城市安全和便捷性	2018
深圳	腾讯	数字政府、数字战"疫"、数字孪生城市、城市治理一网通管、超前部署智慧城市基础设施、全面推进民生服务领域智慧化	2018
堪萨斯城	卡西欧	物联网、智能交通信号，免费 Wi-Fi，监控机动车和自行车的交通流量；交互式信息亭，打造智能化和联结化的社区	2017
达拉斯	爱立信	将智慧停车、智慧环境及流量监测、智能路灯和交互式数字信息亭等功能率先应用到生活场景中，测试可以改善城市公共安全、公民参与和环境可持续性的解决方案	2016
新加坡	谷歌	智慧城市管理框架、开放共享的数据平台、智慧交通基础建设与大数据的运用、大数据医疗技术快速应用和健康发展、智慧型绿色生态	2015

城市（地区）	科技公司	主要应用场景	年份
杭州	阿里巴巴	以城市大脑赋能智慧城市建设，全面助力城市数字化转型升级，包括智慧交通、智慧治理、智慧警务、智慧城管	2015
汉堡港	汉堡物流倡议	围绕港口，形成智慧物流技术研发、测试和应用推广高地；依托港口的空间优势，打造智慧物流技术的场景测试基地，将智慧物流技术应用到城市生活	2013
都柏林	IBM	将物联网产品和服务整合在公共服务设施；打造基于网络的公共交通跟踪系统，可输送实时抵达数据到公交站台的数码标牌和智能手机应用	2010
阿斯彭	西门子	以智慧城市监测和评估推动城市治理能力提升，打造智慧城市实验室，以数字化技术促进公众参与和社会融合	2010
斯德哥尔摩港	爱立信	电子政务、光纤网络、智慧交通和能源、绿色信息与通信技术、开源数据	2010

3.2 政策趋势：
新基建与数实融合

近年来，随着新基建和数字经济上升为国家战略，公共政策中对于数字技术与实体空间融合的要求也在不断提升。2020年国家提出要加大加快建设5G网络、数据中心等新型基础设施，促进信息要素高效便捷流动、产业新动能转换，实现城市功能升级和新兴业态培育。新型基础设施建设是数字技术与实体空间建设融合的重要抓手，也成为近年来各地拉动投资、推动经济增长的重要工具（图3-2）。

2021年政府工作报告中提到，要促进科技创新与实体经济深度融合，更好地发挥创新驱动发展作用。党的二十大报告指出，高质量发展是当前我国经济社会发展的主题，是中国式现代化的本质要求。要打造宜居、韧性、智慧城市，走出一条中国特色新型城镇化和城市发展道路。"十四五"规划中作了"全面提升城市品质"的重大战略性工作部署，提出"建设宜居、创新、智慧、绿色、

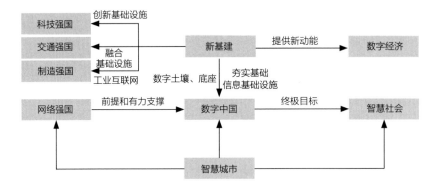

图 3-2　新基建与数字中国布局

人文、韧性城市""提升城市智慧化水平"等具体要求。政策精神要求开展新基建等重点项目，同步展开建设重大科技创新平台等工作，加快建设数字经济、数字社会、数字政府，以数字化转型整体驱动生产方式、生活方式和治理方式变革。数字化转型是战略性、综合性的范式变革，涵盖城市管理和经济等垂直领域解决方案，涉及科技、产业、环境等多重要素，对城市、行业、企业及个人都会产生深远影响，对于社会各领域都是大势所趋。在推进数字化转型的背景下，智慧城市建设在城市空间品质方面，有了更明确的要求和方向。

此外，艺术性、科技性和实用性的融合也是城市空间营造建设的重要方向。习近平总书记 2021 年在清华大学考察时提到："美术、艺术、科学、技术相辅相成、相互促进、相得益彰。"[1] 市民对智慧城市物理空间品质感受、服务体验与智能化管理水平的协同是未来智慧城市空间发展过程中的关键，要坚定不移地将"以人民为中心"的设计理念落实到智慧城市的规划实践中去。

城镇化发展的后半程逐步告别了大规模新城新区建设。城市更新开始成为城市建设主线，也是扩大内需的重要助力。以智慧技术为代表的科技发展也不

1　习近平在清华大学考察：坚持中国特色世界一流大学建设目标方向　为服务国家富强民族复兴人民幸福贡献力量 https://www.gov.cn/xinwen/2021-04/19/content_5600661.htm

断与城市更新工作相结合。在 2023 年全国住房和城乡建设工作会议上，住房和城乡建设部部长倪虹表示，要"持续实施城市更新行动，打造宜居、韧性、智慧城市，增进民生福祉、创造高品质生活"[1]。倪虹部长指出："城市更新不仅要改造老的、旧的，补短板，还要有创新思维，用科技赋能城市更新。要抢抓机遇，让 5G、物联网等现代信息技术想办法进家庭、进楼宇、进社区，建设数字家庭、智慧城市，让科技更多地造福人民群众的高品质生活。"[2]

各地的城市更新实践纷纷在政策机制上进行了具有本地特色的响应。北京市印发的《北京市城市更新行动计划（2021—2025 年）》提出要大力发展数字经济，以盘活存量空间资源支持建设全球数字经济标杆城市；鼓励老旧楼宇改造升级，满足科技创新发展需求；打造安全、智能、绿色的智慧楼宇。鼓励传统商圈拓展新场景应用、挖掘新消费潜力、提升城市活力。由此可见，智慧城市技术结合城市更新的新形势，与空间营造建设将产生更为密切的关联。

3.3 市场趋势：
智慧社区与数字家庭

纵观全球城市发展历程，居住区在各个时期都是科技驱动城市变革的主阵地。在房地产发展到达拐点之后，土地财政和大规模地产开发不可持续。2023 年，住房和城乡建设部部长倪虹在接受新华社记者采访时提到，"当前房地产市场已经从解决'有没有'转向解决'好不好'的发展阶段"，提升住房品质，让老百姓住上更好的房子，是房地产市场高质量发展的必然要求。在当前房地产行业转型变革期，数字化技术成为居住区空间生产的核心变革动力。有必要通过科技驱动建设好房子、好社区，并促进人居环境优化，实现高品质生活。

---

1 从"有没有"到"好不好"城市更新补短强弱 [N]. 经济参考报 ,2023-03-17.
2 同上。

	金茂	绿城	时代	保利	旭辉	融创	中梁	万科	美的
建造理念	智慧·生活	理想生活综合服务商	向往的生活	全生命周期居住系统	健康人居生活	社区智能化系统	未来社区	未来社区	智慧健康社区
理论体系	三重智慧 全屋智慧 数智社区 智慧服务	用城市的模式来建造社区 4S体系	创新服务理念	全生命周期住宅健康养老 社区商业服务 社区物业服务 少儿艺术教育	互动式景观 37℃空间 HUMAN智慧体系 SPECIAL空间	智慧社区4.0 6i系统 45个场景	9+N社区 美好模块	融合运营 数字社会	5M智慧 健康社区
核心技术应用	安全高效 3D数字孪生 大数据+AI动态分析 智慧社区操作系统 智能科技 6+X场景矩阵体系 机器人连接生活场景 数据化、智能化管理 便捷体验 智慧物联场景体系 智慧人行场景 无感通行系统 智慧物联设备	四个服务体系： 价值信仰体系 公共服务体系 空间配套体系 生活服务运营体系 “1 个数据仓 +1 个居民服务端 +1 个物业工作端 +1 个社区治理端”的“一仓三端”运行架构	完整 赏心悦目 有温度 高质量 智慧	健康高效空间 智能新风、净水系统 全龄健康运动系统 智慧垃圾分类 健康安全科技 智慧社区大脑 ESA智能监控系统 无接触通行 健康便捷服务 健康云服务体系	互动式景观 三大梦幻主题乐园四个能量聚场 37℃空间 邻里互动平台 HUMAN智慧体系 全维健康、整合一体、家庭价值、科技为人、自然融合 健康生活3.0操作系统 互联生态网 SPECIAL空间 多功能场景聚合	智慧人行 人脸识别、轨迹分析 智慧车行 智能换车、车辆授权 智慧社区服务 信息发布屏、自助充电、无人回收、自助健身房 智能设施设备 设备自动监控、报警 智慧安防 自动巡检、视频行为识别及姿态分析 智能家具 App远程控制等	智慧赋能 智能无阻出行、车库停车及访客来访引导管理、外卖快递社区配送驿站、物业服务实时反馈展示、社区防灾教育、公共区域人流监控查阅等 场景迭代 共享租借、业主资源互通、家庭式共享托管、社区活动日历与直播、公域绿色蔬果培植等 健康探索 会所课程线上预约系统、居委会线上办理和报备、适老住宅配套设施租赁定制化、健康膳食订阅	1个数字底座 空间数据孪生服务平台 N个应用 可迭代升级的多场景数字化应用 9大场景 邻里场景、教育场景、健康场景、服务场景、治理场景、创业场景、建筑场景、交通场景、低碳场景 3端入口 治理端 服务端 运营端	5M智慧健康社区产品价值体系：美的智慧、美的健康、美的品质、美的服务、美的生活五大维度，用制造业方式，为客户精细化营造高端生活体验，引领AIOT科技人居创新与发展
代表产品	金茂府 国际社区	大型社区 未来社区	“向往的生活” 5A产品系统	Well集合社区	CIFI-7	上海区域 智慧社区系统	梁心社区、梁匠家宅、梁品生活	“1N93” 未来社区系统	AIOT科技人居
产品特点	产品体系固定且清晰			在传统产品线基础上加载新内容				针对年轻客群推出新的产品线	

图 3-3　我国房地产商智慧社区与未来社区发展策略及产品体系

当前各大开发商都把智慧社区、未来社区作为品牌核心产品转型的策略性方向（图 3-3）。作为“空间生产者”的开发商纷纷转型为智慧城市空间运营商，通过智慧化的住区营造寻找新的经济增长点。从空间生产的角度看，智慧社区和未来社区的实践可以看作是通过建设和营造数字化、智能化的居住空间，在数字时代满足人民群众对空间供给的需求。从房地产产品来看未来社区建设大致可以分为三类：一是建立稳定的智慧社区产品线；二是在传统住宅产品中增添新的数字化元素；三是针对特定的年轻客群，提供数字化社区服务。

在智慧社区建设的趋势下，数字家庭成为最新涌动的家居新潮流。2021 年，住房和城乡建设部等 16 部委联合发布《关于加快发展数字家庭 提高居住品质的指导意见》正式吹响了家庭数字化发展的号角，意见内容包括数字家庭服务功能，强化数字家庭工程设施建设，完善数字家庭系统等。数字家庭是以住宅为空间载体，利用物联网、云计算、人工智能技术等，通过数字化控制与交互

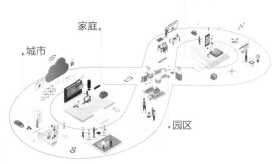

公共事业

家庭

城市

园区

图 3-4 从家庭到城市的数字
化场景串联

手段向用户提供优化家庭生活体验的系列产品。在当前城市更新的框架下，数字家庭建设有助于在数字环境下提高居住品质、改善人居环境（图 3-4）。

数字家庭在城市更新中有着重要意义：①可以结合社区营造和共同缔造的趋势与要求，探索以数字家庭为依托，从家庭向社区自下而上地推动社区空间结构优化、功能完善和品质提升的路径。数字家庭作为微观领域触达居民的社区工作，应当成为城市更新的重要切入点，落实住房和城乡建设部关于"好房子、好小区、好社区、好城区"[1]的工作要求。②以数字家庭为基本单位，以社区为平台，串联起城市体检、城市更新（包括历史文化街区保护、老旧小区改造、完整社区建设）等多项工作，实现从宏观到微观的城市全尺度空间场景集成和政策落地集成（图 3-5）。特别是要结合城市体检向街道和社区下沉的趋势，研究数字家庭对于城市体检、城市更新、城市建设的重要意义及关联模式，构建以家庭为单元、串联相关政策落地的模式并研究数字家庭与城市体检相衔接的路径与方法。充分利用可触达用户的新一代信息技术，以科技赋能城市更新发展。③可以基于信息时代居民生活方式的变化，以人的活动特征为核心，从技术与空间融合的角度，研究以数字家庭为基础，构建未来人居的营造方式。

---

1 "从好房子到好小区，从好小区到好社区，从好社区到好城区"，来自 2023 年 3 月 7 日，在十四届全国人大一次会议第二场"部长通道"采访活动上住房和城乡建设部部长倪虹的讲话。

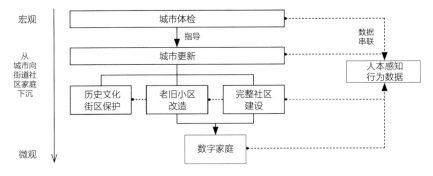

图 3-5 数字家庭对城市工作的数据串联

数字家庭体现了微观场所中科技与空间融合的趋势。借助数字家庭的发展，以华为和小米为代表的科技企业也介入了未来空间和人居环境的探索中。华为提出了全屋智能 3.0 和空间智能时代的概念，强调从单品智能化到多品牌智能化的产业路线，通过智能手机、影像等数字化产品入口的协同智能化，拓展到以数字化交互体验为特征的空间智能化发展。小米智能家居则围绕自有品牌的手机、电视、路由器三大核心产品，通过网络、安防、影视娱乐等产品矩阵，实现智能设备互联，并由生态企业的智能硬件产品构成完整的闭环，来综合优化居家生活的智能体验。各厂商的产品设计也愈发以人本体验和服务为导向。

智能家居强调系统自主学习，能够通过不断学习用户生活习惯，持续反馈给自动化控制系统（董治年等，2020），进而为用户提供个性化家居环境。智能、可动的家居环境，可穿戴设备，自动化地暖，室内环境检测系统等融为一体，人与室内环境发生沟通，类似于我们的身体进一步与居住环境产生融合关系。正如传播学家麦克卢汉所言："住宅是人类肌肤的延伸。"智能家居目前的主流交互方式是手机 App 控制，取代了传统家电的按键、遥控的物理控制，并且正在全面地向语言、体感和视觉控制演进，并最终将在进行自我学习后，提供无感动态环境调控体验（图 3-6）。

按照人文主义地理学家段义孚的说法，家就是熟悉的居所，是心理栖息地，是他自己生活的神圣中心。家是人来到这个世界上的那个最初熟悉的、所属

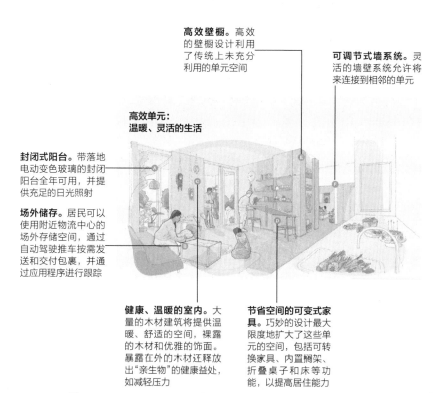

高效壁橱。高效
的壁橱设计利用
了传统上未充分
利用的单元空间

可调节式墙系统。灵
活的墙壁系统允许将
来连接到相邻的单元

高效单元：
温暖、灵活的生活

封闭式阳台。带落地
电动变色玻璃的封闭
阳台全年可用，并提
供充足的日光照射

场外储存。居民可以
使用附近物流中心的
场外存储空间，通过
自动驾驶推车按需发
送和交付包裹，并通
过应用程序进行跟踪

健康、温暖的室内。大
量的木材建筑将提供温
暖、舒适的空间，裸露
的木材和优雅的饰面。
暴露在外的木材还释放
出"亲生物"的健康益处，
如减轻压力

**节省空间的可变式家
具。**巧妙的设计最大
限度地扩大了这些单
元的空间，包括可转
换家具、内置橱架、
折叠桌子和床等功
能，以提高居住能力

图 3-6　Sidewalk Toronto 智慧城市设计方案中对智能家庭居住环境的呈现

的和神圣的空间（陈建洪，2021）。从人的生存、创造、认同、情感等需求
出发，基于人本感知，通过智能家居、健康管理、智慧养老、安防和社区服
务等智慧应用及服务的集成，能够构建形成未来家居系统。以数字家庭为载体，
可以洞察未来生活方式潮流，落地创新场景。通过以模块化方式构建新空间
感知经验与新生活模式，数字家庭也将成为未来智慧城市的最小空间单元。

从城市规划的角度看，对家庭和市民的关注，对于引导城市空间与居民行为
模式协同发展有着重要意义（柴彦威等，2014）。在城市数据分析中，数
字家庭扮演着重要角色，可以实现对居民日常生活和家居环境的感知，并通
过数据与社区基础设施打通，继而实现与城市的体检和运行贯通人本数据采
集的末端到空间干预终端的数据联动，可以准确捕捉微观个体尺度的数字
环境和行为信息。而家庭边缘计算作为现场级边缘计算的一种，通过融合

图 3-7　数字家庭的跨学科研究体系

5G+AICDE 能力，能够优化设备互联互通和场景控制，并实现数据的实时采集与分析。

从学理上看，数字家庭涉及多个学科领域（图3-7）。基于多学科理论的综合空间构建是数字家庭今后发展的重要理论基础。此外，从商业模式上看，数字家庭通过虚拟或虚实互动方式塑造家居体验，将产生新的家居、消费等行为数据，对这些数据进行收集与分析对于电商销售以及社区运营和社区商业创新具有重要意义。消费者通过行为反馈参与产品的更新迭代，体现出董治年等（2020）提出的信息时代的产品设计向服务设计转型的特点——通过跨领域合作共创，共同设计出一个有用、可用和让人想用的服务系统。

3.4　新城趋势：
科技巨头投身新城营建

在当前的国内外房地产市场，以科技巨头非传统开发商为代表的开发主体，进行了标志性的未来新城的营造建设。这已成为近几年的新现象。列斐伏尔（2022）认为"人们由在空间中进行的物品的生产，过渡到了对整个空间的生产"，这一观点在数字时代有了新的体现形式。作为一种未来科技的空间标杆，甚至是一种宣言，科技巨头频繁参与城市建设活动，反映出智慧城市发展趋势的内涵已经从"为技术而城市"转向为"为城市而技术"。按照加拿大麦吉尔大学教授萨拉·莫泽的观点，这些新城营建活动"跟随了科技企业涉足房地产业务的大趋势"。

在市场层面，城市级智慧产品不断生成，智慧城市应用不断从垂直领域走向整合，最终走向城市级集成。基于 IT 视角，城市空间呈现出各个垂直领域产品的多元异构的集成架构。科技巨头纷纷投身未来城市的营建。IBM、思科、西门子、惠普和微软都参与了智慧技术主导的未来新城的规划和建设，除了技术上的可行性，对新市场的期望也刺激了投资（拉蒂和克劳德尔，2019）。近年来，谷歌的多伦多滨水区智慧城市项目、丰田的编织城市项目、腾讯新总部的网络城市成为最新一代科技新城的代表，它们均呈现出城市设计和数字技术的深度融合。智慧新城规划体系的探索不仅仅是对传统城市规划的革新，更是对未来城市发展的引领与构建，推动打造更加宜居、智慧、韧性的城市环境。

早在 2015 年，极富创新精神的建筑师弗兰克·盖里为 Facebook 设计的新总部大楼投入使用。总部大楼位于加利福尼亚州的门洛帕克市（Menlo Park），为一系列建筑群。总部大楼通过设计开放式工作空间鼓励跨团队的交流和创新，以多样化并且优美的景观设计、人与环境的交互优化，激发员工的创造性。

2017 年，谷歌母公司字母表（Alphabet）旗下的人行道实验室（Sidewalk Labs）宣布将与 Waterfront Toronto（致力于开发多伦多滨水区的政府机构）合作，在多伦多的湖滨地区打造一个面向未来的智慧城区 Sidewalk Toronto。这是全球范围内第一个由规划师携手互联网公司共同完成的智慧社区规划设计，具有极强的前沿探索性。该方案不仅是各种谷歌系高科技产品的组合堆叠，更是融合了规划师、建筑师、交通工程师、景观设计师以及公共健康、社区参与等专业人员和机构共同设计的智慧社区理想蓝图。2020 年 5 月，谷歌宣布这一项目终止，原因是疫情期间加拿大房地产市场的滑坡。但也应当注意到，这个未来城区无法建成是源于商业模式上的失败，而并非城市设计方案的不足。作为科技巨头，谷歌在城市开发方面的探索，已经开启了城市建设的新篇章。该设计方案在城市规划与设计领域产生了深远的影响。

图 3-8　Sidewalk Toronto 设计方案鸟瞰图

方案中创造性地提出了基于无人驾驶的新型点对点交通系统、可自主调节环境且充满活力的全年全天候活动空间、更灵活高效的房屋建造模式、高质量的可持续发展标准、利用数据改善服务形成紧密联系的社区、激励创新的开放数字基础设施等（图 3-8、图 3-9）。同时针对数据标准、数据隐私、城市发展仿真模型、公众参与模式等提出了一套较为完整的方案。为了实现未来社区的愿景，人行道实验室认为最重要的切入点是建立舒适的公共空间。Sidewalk Toronto 最大的价值，是让人们意识到智慧城市需要推动信息技术与城市规划和设计等多专业进行深度融合，只有实现数字空间与实体空间的融合和场景落地，才能真正推动城市整体走向智慧化的进程。

在 2020 年初，丰田发布了与建筑事务所 BIG 合作的编织城市（Woven City）的设计方案，意图打造一座智能化的未来城市样板（图 3-10、图 3-11）。这座在富士山下的丰田旧厂址再造项目，将为丰田员工及其家属提供居住空间，并成为丰田最新技术的应用场所。编织城市意为希望打造道路像网格一样交织在一起的城市街区。该项目位于原丰田汽车东日本公司东富士工厂（静冈县裾野市）的场地，范围约 70.8 万 m²。

图 3-9 Sidewalk Toronto 设计方案新技术场景展现

图 3-10 丰田编织城市设计方案鸟瞰图

图 3-11 丰田编织城市设计方案：基于自动驾驶的未来社区

项目规划建设引入自动驾驶、移动出行服务（MaaS）、智慧物流系统、氢燃料电池与太阳能电池板等新能源动力、家用机器人、智能家居、人体健康智能监测、传感网络与人工智能应用、移动办公等。这座被视为"未来原型城市"的新城，代表了丰田在多个科技领域的前沿探索。该项目旨在通过城市实验加速技术和服务的开发与验证，持续创造新的价值和商业模式。在建设过程中也强调新技术与本地建造传统相结合，智能家居统一使用碳中性木材，采用日本传统的木工方式，并且启用建筑机器人共同建造，通过数字建造技术减少建造过程中的碳足迹。

该项目的设计方案由丹麦建筑事务所 BIG 编制。编织城市的 IP 也呼应了丰田汽车的前身——向丰田自动织布机制作社进行了历史性的致敬。编织城市的整体城市结构基于路网的骨架，将城市道路分为三类：快速车辆专用道，只通行如 e-Palette（丰田的无人驾驶汽车）一样实现完全自动驾驶且零排放的出行工具；行人和慢速个人出行工具共存的长廊式道路；行人专用的公园内步行道。值得一提的是，为了最大限度地实现"门到门"便捷交通体系，BIG 还设计了围绕建筑盘旋而上的车道，直接把乘客送到对应的楼层。

项目的整体理念以和谐环境和可持续发展为前提，城市建筑主要由碳中性木材制成，屋顶安装太阳能电池板。包括支持日常生活的燃料电池发电在内，所有的城市基础设施全部建在地下。城市居民除了可以实际使用室内机器人等新技术外，还可以通过利用传感器数据的 AI 检查健康状况并将其用于日常生活，从而提高生活质量。e-Palette 除了完成人和物的运输工作之外，还将作为移动商店使用，活跃在城市的各个角落。

更有甚者，亚马逊创始人杰夫·贝索斯通过他的航空公司"蓝色起源"畅想宇宙航行，提出了太空栖息地的概念：可以容纳整个城市、农业区以及国家公园的栖息地，这是一个完整的生态圈，在太空中做到自给自足，作为未来人类的家园。贝索斯的愿景当然是一种对未来科幻般的畅想，但在星际航行技术不断发展的今天，这并非完全的天方夜谭。

城市作为人类文明集大成之地，一直以来被人们给予了各种乌托邦式的想象。自城市规划这一学科出现，诸多学者都对城市未来可能出现的形态不断进行着各种展望。在如今的信息时代，科技变革显然对未来城市的设计影响最为重大。而在实践中，掌握了最丰富技术资源的 IT 与互联网公司，成为城市文明前沿的弄潮儿。在以往智慧城市建设的过程中，由技术驱动的智慧城市应用与产品设计，长期局限于非空间层面，而随着智慧城市的持续发展，空间要素逐渐与智能技术发展相互影响，空间的数字化与数字技术的空间化开始成为趋势。

智慧城市技术与城市空间规划设计融合的必要性不断凸显，两者的结合体"智慧空间"将定义未来城市建设和运营模式的基底。从城市规划与建设的角度出发，智慧城市不应被狭隘地定义在信息技术范畴，其最终还是要走向城市设计和场所营造。新的城市建设模式，不仅仅是为空间植入智能设施，而是从设计的角度，在虚实相生、精细治理的基础上，重构居民对空间的理解，从新的人类空间感知与交互模式入手，进行整合式设计，以形成前瞻性的空间资源配置方案。

城市是创新场景集成的容器，信息技术催生新的生产模式、生活方式和经济业态。尽管沉浸于虚拟世界之中，人类依然是实体空间中的动物。科技巨头营造的新城，可以理解为是一种以场景为驱动的未来生存方式的原型探索。科技新城可以成为大企业创新的样板间和试验田。这种创新的落地不仅是针对单一产品或产品线，更是整个创新生态体系的构建，并将凸显出极强的品牌效应。"新城发布会"将取代产品发布会，成为科技巨头们应对未来的时代宣言。在科技公司总部、员工和家属居住区等新城新区，通过企业员工与空间环境的互动，能够打造具有企业识别性的场所感。而科技公司对于房地产开发、建设、运营、投融资等诸多领域的介入，体现了智力资本对空间生产的投入，将会为城市建设与运营带来更多创新要素，也会为企业创造更为丰富的业态和产品形态。技术创新—空间营造的复合生态体系，将催生出更多的商业模式。大企业对于较大空间尺度的城区整体建设，能体现出开发的整体性，便于创新的落地。

当然，具体项目落地的过程，一定会受到市场、社会、环境等诸多因素的潜在影响。因此，只有一个好的设计方案是不够的，能够在建设和运营环节做到因地制宜、持续性地优化，探索出一种新型空间开发运维的商业模式，才能保障这些新城建设的顺利实施。此外，也应关注这一趋势的隐忧，例如林格尔（2023）认为互联网科技巨头主导了社区绅士化的图景，引发了基础设施与网络的数字技术不正义。因此，空间正义依然值得关注——无论是在数字世界还是物理世界。

3.5 交通趋势：
未来交通引领空间形态变革

城市发展的历史显示，在城市诸多要素中，交通方式对城市空间结构、空间形态的影响最为显著。例如，古罗马时期基于马车宽度设计的道路影响了日后火车、汽车的宽度以及城市街道的宽度和形态，也长期影响了欧洲古城肌理。城市理论家戴维·谢恩回顾了技术背景下，随着交通进步，城市规模及空间结构的发展：从微小的步行系统形成如村庄规模的早期区块系统，到工业革命与能源革命引发的大规模重新格式化区块系统，再到当代依靠全球通信系统进行联系的巨型街区（图3-12）。

智慧城市的空间形态受到诸多数字技术的影响。相对而言，IT软件的应用对于城市空间的影响较为间接。然而，在智慧城市各领域的发展中，以自动驾驶为代表的智慧交通技术，对城市空间结构与肌理产生了最为直接、深刻和显著的影响（图3-13）。信息系统也将成为城市交通系统的重要组成部分（瓜里亚尔特，2014）。从城市宏观结构来看，当前对于以C-V2X[1]为核心的自动驾驶对城市空间结构影响的判断尚无定论，有人认为自动驾驶会导致私家车出

---

1 指基于蜂窝网通信技术形成的车用无线通信技术，实现包括车车、车路、车人以及车网交互的"车联万物"（vehicle to everything）。

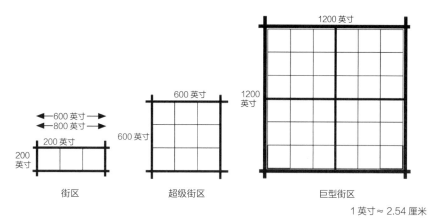

图 3-12　技术驱动城市街区的扩展演进

行减少，进而使得城市形态更加紧凑。也有学者认为自动驾驶的便利性会提升
个人交通自由度，进而引起郊区化的蔓延。城市结构变化的具体情形可能还需
要结合各自城市现有空间结构特征进行讨论。不过自动驾驶将重塑交通体系，
为城市空间中车与人的关系带来新的可能，并为公共空间创造更多的机会等观
点已经成为共识。基于共享的无人驾驶模式将颠覆我们长期以来抱有的"车越
多所需道路越宽"的固有思维（徐小东等，2020）。

在中微观层面，自动驾驶将从街道形态、用地性质的转变和场地的重新设计
等方向为城市空间带来变革。美国国家城市交通官方协会（NACTO）发布
的《自动城市主义蓝图》描绘的未来城市主干道场景，无人驾驶汽车将对以
下六个方面产生影响：行车车道、上下客车道、路标和信号灯、自行车道和
人行道、停车场以及再开发的机遇（图 3-14）。现代道路设计通常为机动车
辆驾驶者留有较大的容错空间，而无人驾驶技术可以减少这种容错空间的需
求。与此同时，一系列以无人驾驶技术为代表的交通技术创新也将重新塑造
城市的形态和空间。《自动城市主义蓝图》提出，根据道路的不同属性，进
行具有灵活性的道路设计。未来，可以将城市主干道的设计调整为双向六车道，
其中，中间四车道专设给轻轨、公交和微型公共运输车，以确保这些公共交
通工具高效运输。而靠近人行道两侧的车道则可用于货运车辆和小型车辆通
行，同时适当限制其车速。

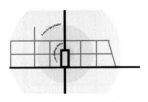
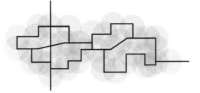

传统 TOD 交通模式　　　　**新型街区交通模式**

图 3-13　Sidewalk Toronto 方案中结合自动驾驶的街区结构变化

中心公交车道
中心公交车道的运输
道能为公共交通提供
一个优先的空间，使
其不受其他车辆的阻
碍

辅道
辅道将为接送、下车
和送货提供空间。作
为以行人为优先的空
间，这些车道将完全
可通行，并可能在一
天中的某些时段限制
车辆进入

绿色基础设施
绿色基础设施不仅
有助于吸收雨水并
保持城市凉爽，还
为人们提供了享受
绿色空间的机会

游戏街道
住宅街道应成为居
民享受的空间——
供人们休闲或会见
邻居

绿色基础设施
树木、生物滞留带
和种植槽将减少暴
雨径流，为社区遮
阴的同时带来蒸发
冷却效果

车辆通行
应限制大多数车辆的
进出，只允许当地交
通和送货车辆进入，
并将车速限制在约
16km/h

图 3-14　自动驾驶对道路交通的系列影响

国际自动机工程师学会（SAE International）将自动驾驶技术按照其自动化程度分为六个等级，从完全需要人工操控的 L0 级到完全无需人类干预的 L5 级，车辆自动化控制的程度不断提升（表 3-2）。国内一些城市已纷纷选择特定区域作为自动驾驶示范区，用于测试和实验不同级别的自动驾驶技术。在智慧交通规划与建设中，"多杆合一"和"多感合一"的方案被广泛应用，为自动驾驶车辆提供路侧感知系统测试运行环境。可以预见，在未来几年内，自动驾驶将逐步实现从点到面的扩散。一些地区将会上路运行自动驾驶车辆，有人驾驶和自动驾驶的混合交通将成为常态。同时，自动导向车（AGV）、智能停车机器人在多个地方已经开始推广使用。除此之外，广义上的自动驾驶还包括清扫机器人、送货机器人以及无人配送物流等各种形式，这些智能设施如今已经广泛出现在日常生活的不同场景中，人们对此已不足为奇。

SAE 自动驾驶技术分层 表 3-2

SAE 级别	名称	定义叙述	车辆横向及纵向的操作控制	环境感知	行为责任主体	场景
主要由人类驾驶员负责对行车环境进行监测						
L0	非自动化 No Automation	由驾驶员全程负责执行动态驾驶任务，可能会得到车辆系统警告或其他干预系统的辅助支持	驾驶员		驾驶员	无
L1	驾驶员辅助 Driver Assistance	在特定驾驶模式下，单项驾驶辅助系统通过获取车辆行车环境信息对车辆横向或纵向驾驶动作进行操控，但驾驶员需要负责对除此以外的动态驾驶任务进行操作	驾驶员和系统	驾驶员		特定场景
L2	部分自动化 Partial Automation	在特定驾驶模式下，多项驾驶辅助系统通过获取车辆行车环境信息和横向和纵向驾驶动作同时进行操控，但驾驶员需要负责对除此之外的动态驾驶任务进行操作	系统			
主要由自动驾驶系统负责对行车环境进行监测						
L3	有条件自动化 Conditional Automation	在特定驾驶模式下，系统负责执行车辆全部动态驾驶任务，驾驶员需要在特殊情况发生时，适时对系统提出的干预请求进行回应	系统	系统		
L4	高度自动化 High Automation	在特定驾驶模式下，系统负责执行车辆全部动态驾驶任务，即使驾驶员在特殊情况发生时未能对系统提出的干预请求做出回应	系统	系统	系统	
L5	全自动化 Full Automation	系统负责完成全天候全路况的动态驾驶任务，系统可由驾驶员进行管理	系统	系统	系统	全部场景

资料来源：国际自动机工程师学会（SAE International）

图 3-15 各地自动驾驶示范区的自动驾驶车辆
左上：北京首钢园无人小巴；左下：北京首钢园无人出租车；右上：北京经济技术开发区无人快递车；右下：成都天府机场 PRT

自动驾驶在园区、开发区等相对封闭区域进行了重点推广（图 3-15）。北京经济技术开发区对自动驾驶技术开展了广泛应用。根据《北京市高级别自动驾驶示范区建设发展报告（2021）》显示，开发区已经在基础设施建设方面取得了重要进展，通过 1.0 和 2.0 阶段示范区建设，已在其范围内建成了 329 个智能网联标准路口，并在双向 750km 的城市道路上实现了车路一体化云覆盖。此外，开发区还搭建了分米级高精度动态地图平台，全面部署了主动安全防护体系和数据管理平台，并完成了铺设超高速无线通信技术（enhanced ultra high throughput，EUHT）专网，以支持车辆网络融合。这些举措标志着示范区已经率先建成了支持高级别自动驾驶的城市级工程试验平台（图 3-16）。截至 2021 年底，该区已为 9 家企业 225 辆车颁发了道路测试许可。目前，开发区已经全面展开了自动驾驶出租车、无人配送、无人巡逻、智能网联客运、干线物流和自动驾驶环卫等应用场景的示范。

在对未来城市展望的城市设计方案中，新的交通模式扮演着至关重要的角色。

未来新城的设计往往构建以
自动驾驶为核心的新型交通
体系，用以引导城市整体形
态的革新。智慧交通规划对
于城市的布局、功能区划以
及土地利用都有着深远的影
响。在设计方案中，也成为
塑造城市面貌和特色的关键
因素。

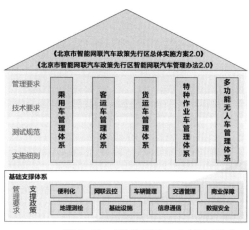

图 3-16　智能网联汽车先行区政策体系

印度尼西亚新首都"无限城
市"（The Infinite City）项目，借助城市级别公共交通与智能驾驶技术的
综合应用，实现了高效的交通系统和嵌套式的城市空间结构（图 3-17）。
新首都以城市交通系统作为空间规划的起点，通过分区拓展应对城市人口和
密度的增长。方案采用抬升的路网以应对自然洪涝灾害，结合城市现状发展
的需求进行分区；倡导新首都作为自然系统中的森林城市，倡议可持续社区
的建设模式的核心为本地化循环经济——通过立面农作物种植和水循环系统
（立面基于环境和地形而变化），使社区与自然共生做到可持续发展，以轻
质的建筑来满足功能的需求，并采用模块化高效的本地系统来打造未来智慧
城市。

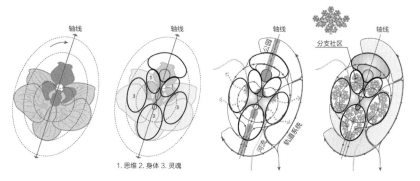

图 3-17　"无限城市"项目快速轨道系统和自动驾驶网络

规划方案利用人工智能工具分析地形复杂且生态多样的场地，设计城市规模尺度的智能高速火车系统，结合全电动高速智能无人驾驶汽车、智能缆车等的应用需求，可最大限度地满足人员及货物在城市中的流通。城市交通系统塑造了城市空间结构，不再是传统的网格化的形态，而是以环形嵌套的方式自发"生长"。

加拿大轨道新城奥尔比（The Orbit）位于因尼斯菲尔（Innisfil）小镇，是一个围绕交通枢纽布局的多功能新城，可容纳15万人生活、旅行、交往、娱乐、工作。新城中心交通枢纽是一个四塔混合功能的中心，建筑物外部设置无人机端口来解决最后一公里服务。新城以此为中心进行同心圆辐射的方形和圆形混合的城市扩展布局（图3-18）。

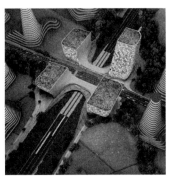
四塔混合功能的交通枢纽中心

轻轨两侧线性公园

多元化交通出行

自动动态增区

图3-18 加拿大轨道新城奥尔比

智慧交通与智慧城市管理被视为新城规划的关键措施。轨道新城奥尔比总体规划计划在因尼斯菲尔镇建造火车站，并以新火车站为同心圆中心辐射800m构建城市社区网络，形成一个公交导向、混合用途的未来之城。总体规划以高新技术产业为驱动力，打造智慧城市。铺设遍布社区、人行道、街道、建筑物的快速安全的光纤网络，将城市部件联系起来。轻轨两侧布置线性公园，提倡以人为优先的多元化交通方式：人行道、共享路线和自动驾驶、骑行系统共存。

同时，规划采纳动态土地使用分区管制的模式，以应对未来可能出现的高密度建设。"动态分区"提倡在不超过规划部门规定的建筑密度和建筑高度的情况下，当某个区域的建筑面积达到70%时，允许的建筑密度和建筑高度会随着开发需要同步增加。新城的交通系统结合无人驾驶与共享出行，满足人行和骑行的需求，构建从轨道交通枢纽到西姆科湖水岸的通道。3.5km长的线性公园结合雕塑花园、市场、休闲步道和游乐场进行布置，以满足居民各类游憩休闲的需求。

第 4 章

人本视角的智慧城市空间变革

Chapter 4

Human-Centered Perspective on the

Space Transformation of Smart City

智慧城市建设正在进行着以物为中心向以人为中心的范式转变。ICT 的广泛应用为人类带来新的数据环境和空间经验。汤森（2014）认为智慧城市应当被定义为"一个将信息技术与基础设施、建筑、日常生活用品，甚至我们的身体相结合来解决社会、经济和环境问题的城市"。数字时代居民正在构建以自己的身体为中心、虚实融合的空间知识体系。基于人本视角感知空间环境，对我们理解城市并对其进行空间干预意义重大。梅洛·庞蒂（2001）提出"身体—主体"（body-subject）这个概念，旨在构建以身体为主体的现象世界，用感知来描述人类经验。高慧慧和周尚意（2019）认为城市规划是"对基于身体—主体的生命空间的实践行为"，也是"身体芭蕾和地方芭蕾不同程度上作用于人及其生存空间和居住空间的规划过程"。从这个视角来看，思考人们在现实和数字世界交互中对城市的全新感知特征，是新时期探索理想城市的规划和建设模式的起点。我们可以通过数字环境下人的感知特征，进而分析技术引发空间变革的内在机理，并了解人如何参与其中。

4.1 智慧城市的人本转型

在我们观察到智慧城市技术不断与空间趋势融合后，应深入理解其作用机理和内在逻辑，以便对这一过程的空间干预做好准备。首要需要做的是树立人本视角，将人的感受和认知而非技术的革新，置于城市变革的核心位置。在相当长的时期内，智慧城市无论从理念还是实践，都被局限于物联网、云计算、移动互联网等基础网络的布局与建设。实际上这是对智慧城市的一种误解：认为通过投入更多的资金，拥有更好的信息基础设施，城市就能实现智慧化发展。现实中，有些地方的基础设施超前发展，但是老百姓的民生问题依旧有待解决。现在很多城市的发展模式并不是在建设真正的智慧城市，而只是将"高楼大厦、宽马路、大广场"的物质扩张性城镇化模式进行了信息化升级，聚焦的核心依然是物而非市民，这导致了城市建设公共属性的偏离，也造成了价值判断的模糊。安东尼·汤森曾对此进行批判（汤森，2014）："仅仅采纳任何一项技术本身，不管多么优秀，都不能解决城市问题。"

事实上，西方也走过类似的弯路。在 20 世纪 60 年代，控制论、系统动力学等量化分析风靡城市研究领域，但这一势头并没有很好地与市民的实际需求结合起来，很快就衰落了。1973 年，道格拉斯·里发表了《大规模城市模型的安魂曲》，标志着这一城市发展思潮的销声匿迹。而后进行城市发展定量化与信息化探索的学者们，都更加强调城市需要更有责任地建模，强调以人为本，让技术更好地为人服务。

很多人把城市发展看作是城区不断扩张、农村人口不断向城市迁移的过程。但从本质上讲，城市发展的历史应该还是人的自由度与幸福感不断提升的历程。我们聚集于城市，是为了更美好的生活，是为了满足从低层次的基本温饱到高层次的自由意志实现等的多重需求。那么在这个视角下，智慧城市实质上是信息时代借助技术手段实现的城市发展转型：以信息通信技术支撑的城市人性化发展模式，来不断实现满足人类高层次需求的跃迁。

因此，智慧城市发展路径实际上是对技术帝国主义价值观的拨乱反正。我们的城市是一味地依托技术来追求更高、更快、更大的都市雄心，还是利用技术来完善民生服务，更好地实现人文关怀？显然，真正的智慧城市发展目标是后者。智慧城市的建设与人的福祉息息相关。每个参与智慧城市建设的工作者，都需要以人为核心，从人的需求出发，从微观的个体视角来考量智慧城市建设的作用和价值。

智慧城市的前一个时代被视为"左脑时代"，因为人类左脑偏向于理性思考，而右脑则倾向于感性思考。这个时代被工具和理性主导，以高理性低感性的模式发展。而进入右脑时代的智慧城市将迎来感性的回归，实现感性思维和理性思维的高度融合（李昊，2016b）。在这一时代，智慧城市将更加注重人的情感和感知，效能的提升让渡于人的体验。在这一过程中，技术不再是冰冷的目的，而是柔性的、有温度的手段，来实现城市对人的关怀。通过人性化的设计、以人为本的投资建设与运营，使得城市居民的福祉不断提升。如果说霍华德的田园城市和柯布西耶的光辉城市主导了 20 世纪全球城市化建设的大潮，那么以人为本、人性化发展的智慧城市，将在当下使让我们更接近一直以来的本真理想：城市，让生活更美好。

4.2　人—机—环框架下的空间审视

在数字技术出现之前，人与环境之间的互动主要通过人工建成环境作为人与自然界的界面来实现。然而，随着数字技术的兴起，新的交互界面和交互关系开始出现，这为人与机器之间、人与环境之间的互动带来了全新的可能性。人—机（数字技术）—环（空间）的关系因数字技术的涌现而变得更加复杂。这三者之间的互动，随着技术的不断进步，呈现出更加复杂多样的面貌（图4-1）。

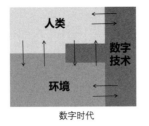

人类	人类	数字技术
环境	环境	

前数字时代　　　　　　数字时代

图 4-1　人—机—环三者之间交互关系

在城市自身的物质行为基础上，信息技术对物质活动进行了泛在补充；同时，人的行为日益与计算机自动化结合（巴蒂，2014）。因此，有必要思考我们对智慧城市的完整理解是什么。我们应该把它作为一种技术和空间复合的生态系统。瓜里亚尔特（2014）将未来城市划分为结构（自然环境与建成环境）、相互作用（信息交互）和市民（人类社会）三个部分，三部分组成的系统在信息的连接下不断演化（图 4-2）。新城市空间即为数字环境和物理环境的复杂适应系统（complex adaptive systems，CAS），融合了两个层面的要素叠合：首先是数字技术本身在空间中的属性，其次是日益数字化的空间。人是这一系统的核心主体，面向城市的实际运作其实是人—机—环相互关系的交织与互动。智慧城市空间干预的本质在于对这种复合关系进行干预和协调。

信息通信技术与网络化生存，正在不断生成新的空间形态，实体公共空间和网络公共空间深度耦合。在新技术与新文化的驱动下，空间的概念、内涵和形态日新月异。在互联网直播间之外，像"淘宝村"那样的"在线城镇化"（李孜，2016），也在更大尺度上为城乡关系构建出一种数字图景。无论规划师或者建筑师有没有提前介入，这个过程已经不可阻挡地发生了，并且这种演变的速度和规模，远超我们基于既有知识的想象。

日常生活日益数字化，进而重塑了人们对空间的使用行为。在信息技术渗入日常生活的过程中，我们的大众文化、社交方式、城市生活不断碎片化，时空压缩不断加剧，空间性因为不断被加入新的维度而变得日益复杂。以往我们做城市设计的时候，往往希望在一个单体建筑或者一个园区里，设计很多促进大家面对面交流的公共空间，推动创新活动。那么现实的世界是什么样的呢？我们在实体公共空间中与陌生人擦肩而过，但每个人都是盯着手机的

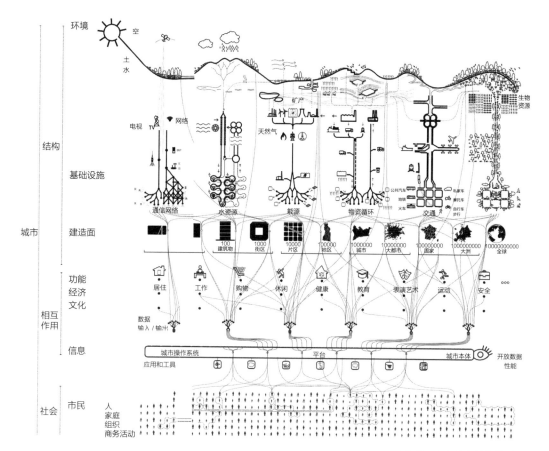

图 4-2 未来城市结构体系

低头族，个体在网络空间中可能毫无交集，更遑论交流。因此，数字城市通过对空间使用行为的影响，对传统的城市设计方法提出了新的挑战。

社会文化心理重构了人对时空的认知。在虚拟与现实高度混合的城市中，现实世界的公民——同时也是虚拟世界的网民，把个人的、私密的、情绪化的表达通过网络导入城市空间，最终造成了这种现实与数字混合空间的一种维度的异化和分化。出生在数字时代的新新人类，对于城市中时空的认知，与千百年来人类已经固化的经验将截然不同。曾经人们设想的乌托邦，正在成为如今发生的现实故事。

4.3 数字环境的人本感知

城市规划领域历来有从感知角度研究城市的传统。一些学者从环境心理学和环境行为学角度，探讨城市意象（林奇，2001）、场所精神（诺伯舒兹，2010）、人的感知与环境的可供性吉布森（Gibson，1979）以及重视心理体验的城市设计（特瑞普，2021）。城市形态与人类的感知和认知过程之间存在联系（Lynch，1984）。凯文·林奇认为："我们不能将城市仅仅看成是自身存在的事物，而应该将其理解为由它的市民感受到的城市。"从空间感知的角度来说，智慧城市最显著的作用是创造了智慧环境（smart environment），或者叫数字环境（digital environment），可以借助《从界面到网络空间》中"网络空间"的概念，数字环境——系统产生的信息及人反馈到系统中的信息构成的人工世界。它相对独立，有自身的维度和规则（海姆，2000）。

作为由数据算法生成的张量空间（tensor space），数字环境带给人一种新的空间经验——提供了与笛卡尔坐标不同的拓扑关系。例如，乘客在机舱中欣赏天空的风景，并能通过屏幕观看机尾摄像头拍摄的飞机尾翼，与此同时，飞机本身也成为摄像头中的风景，这便是感知空间的变换与嵌套，客体与主体互为表里，通过信号传输，在视觉上内与外是贯通的。机舱有如克莱因瓶，而最大尺度的机舱，莫过于地球：阿波罗 17 号传来从外太空回看地球的照片。这张照片，一度也是微信的开屏画面。数字技术作用于空间，不是使其消弭，而是异化、扭曲、异构。技术演进最终将宇宙的全息投影通过感知设备，进行非欧几何空间的更高维度的嵌入，使人在感知上产生类似于穿梭虫洞的空间跳跃。

如今我们面对的不再仅仅是传统意义上的物质环境，而是数字环境和物理环境的叠加。这意味着我们身处复合性的环境之中，而感知环境的方式也变得更加多样。在树立了人本视角之后，可以认为，人对智慧城市驱动城市空间变革的理解，始于对空间的智慧化感知。智能手机与智能终端等数字技术的出现改变了人们感受城市的方式和特点，以及对城市空间的感知、认知的意识。

拉蒂和克劳德尔（2019）认为互联网时代的人们有着不同的日常生活和感知模式，"后人类"环境，对建筑、空间和整个城市都产生了巨大影响。泛在的

图4-3　各类感知设备对人类环境感知能力的拓展

传感器等设施拓宽了人的感官能力（图4-3）。数字技术极大地扩大了空间认知范围、深度和质量，使人加深了对建筑、街道、景观和城市空间结构的感受和理解。许煜（2019）引用计算机与认知科学家坎特韦尔·史密斯的观点，"计算数据就像感官资料一样，应被当作意识流，计算（以及认知）作用于这个流，从而形成客体形式"。数字技术创造了我们对客观环境的理解。数字时代原住民对城市的想象、表述和记忆方式将与前数字时代市民全然不同。

传统的城市意象模型在数字时代面临着挑战。线上线下融合的生活方式，改变了一直以来完全基于实体空间的城市感知和意象。在前数字化时代，对城市的感知来自于人的尺度和肉身感官（图4-4）。人以自己合适的方式与世界他物互动，进而获得对世界的认识（海德格尔，2006）。在传统的城市意象理论中，城市认知地图主要由人们的真实行为观察得出，强调空间要素的可识别性和引导性（林奇，2001）。人们通过脚步丈量城市，拓展自我的物理体验范围。在数字时代，人们对场所和事件的体验不再依靠眼睛定位，而更多地通过电子方式介入分布在城市各个角落的多模式感应和报告系统（米切尔，2006）。从智能手机、可穿戴设备、智能眼镜到脑机接口，个体对城市空间感知的终端在不断变化、拓展和升级，物理世界和数字世界的边界不断模糊。新的技术、服务和活动倾向结合新空间要素构成新城市意象（图4-5）。黄健翔等（Huang et al., 2021）认为城市意象的内涵不仅包括物质空间意象，也包括以体验为目的的虚拟空间意象。城市认知地图因信息终

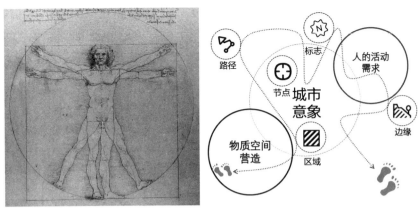

图 4-4　人的尺度与传统城市意向

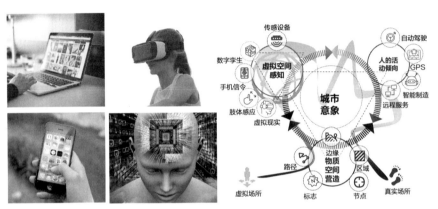

图 4-5　信息入口终端改变与数字时代城市意向生成

端入口的拓展和虚拟体验而产生变革，强调空间要素的独特性和多元性，社交媒体数据验证了林奇的城市意象理论在数字时代仍然具有价值，但也呈现出新的特征：基于问卷的 GIS 数据的城市意象图与基于社交网络数据的城市意象图差别显著（图 4-6）。

人们对数字技术的高度依赖性也会影响感知能力。笔者近年来曾有一次因眼部不适，选择停用智能手机两周。放下手机观察周遭的世界，感觉空间的尺度、人的尺度、人与环境的关系都有很大不同，甚至有"突然感觉眼前的世界并非我所在"的感受。心理学者李昊等（Li et al.，2021）认为重度使用智能手机会影响甚至改变大脑的生理特征,一些脑科学研究发现,智能手机的过度使用会对情绪和认知能力产生影响,并且具有大脑活动区域和神经结构变化的生理基础。

数字技术的普及使人们在某种程度上超越了肉体物理形式的束缚,进而塑造了新的城市愿景。这种转

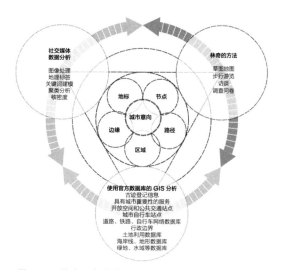

图 4-6 综合社交媒体、GIS 分析与林奇的经典理论来研究当前城市意向的框架

变也赋予了城市空间形态新的意义。数字环境的意象不仅限于感知,还来自于使用。ICT 介入人们对环境的使用,创造出数字环境,使人们在意识上能够持续迭代产生新的意象。这种环境更能够承载和激发人们的想象力,为人们提供更为广阔的想象空间。

数字技术也为研究人对环境的感知提供了新手段,其能够帮助学者实现对人的心智与空间的神经机制进行分析。在人本尺度的空间感知测量方面,由认知神经学科发展出的生理信号测量与计算成为新的测度路径,可以从心理和生理角度对个人在空间中感受到的舒适度、安全感等展开量化研究(朱萌等,2023)。现在已经有学者通过新技术实现了对人本感知新数据的获取,特别是基于人因工程的包括眼动追踪、虚拟现实和脑电传感器等的数据。空间感知会通过环境情绪来表征,可以用生理信号来进行测量和计算分析。用于环境情绪测度的生理信号主要有脑系统、自主神经系统、内分泌系统等三类(图 4-7、表 4-1)。

一方面,深入理解人们对数字时代城市的感知,有助于优化塑造智慧城市的形象与形态。城市的形象在物质形态特征上,还叠加着社会与文化属性,

我们可以将其理解为城市文化的标记。另一方面，我们还应该深刻地理解信息时代城市的时空演变，动态把握变化发展的城市形象，并从更多的维度评估城市意象。

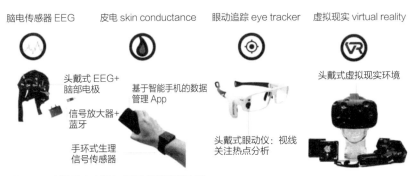

图 4-7　虚拟现实环境与多源感受测度装置

<table>
<tr><td colspan="3" align="center">用于环境情绪测度的三类信号</td><td align="right">表 4-1</td></tr>
</table>

生理来源	生理信号	作用与特征
脑系统	脑电信号与脑磁信号	对情绪变化反馈灵敏，信号的时序、强度与频率等可精确反馈情绪实时变化
自主神经系统	皮电反应、心跳变异频率、呼吸频率、心率、心电图等外周生理信号	发生在情绪唤醒阶段，信号的结构相对较为简单，数据计算的鲁棒性更强，主要用于判断情绪的唤醒程度，而在情绪的正负性质判断上需要联合其他生理信号进行多模态计算分析和判断
内分泌系统	唾液淀粉酶、肾上腺素、乙酰胆碱等	信号本身不受到外界干扰，可直接标识身体的健康生理状态

资料来源：根据朱萌等发表的文章《感知—信号—情绪：基于生理信号的人本尺度空间感知测度研究探索》内容整理

我们的城市，长期以来是被当作生产的机器来进行建设的，城市空间不断扩大，但环境品质却一直没有得到相应的提升。新时期，以人为本的城市发展观，对于城市的品质、活力、人文魅力提出了新的要求。以往城市形象的形成，更多是基于其物理特征——如城市肌理、建筑群体、景观风貌、色彩等。而如今日益数字化的城市，在信息技术渗入日常生活的过程中，城市环境与市民生活的数字内容正在更大的尺度上为城市构建一种全新的数字图景。数字时代人们对于城市空间要素的主观感知和心理感受也发生了急剧转变，这个过程不可阻挡，并在不断地加速。

4.4　技术—空间动态演进机制

海姆（2000）在《从界面到网络空间》中洞察到基于布尔逻辑和超链接的计算机网络对人的生存状态的影响，以及对真实生活的割裂。而随着 ICT 和人工智能技术不断渗入日常生活，产生了更多虚实空间的交互，技术应用和城市系统的运转日益深度融合。居民越来越多地通过数字工具、数字服务、数字界面参与日常生活。数字化影响了人们交流和交往的方式，也影响了空间使用、运行和交互的方式。环境行为学的环境—感知—认知—行为的逻辑也因此面临着从物理环境向数字环境的拓展（图4-8）。

在探讨新技术对空间的影响时，首先要跳出技术决定论的思维（认为有什么新技术就会产生相应的新空间），应从人的生活行为入手分析空间的内在演进机理。可以借鉴行为地理学基于环境感知对人的行为偏好的研究。我们需要关注数字空间行为对物质空间行为的拓展。李春江和张艳（2022）提出日常生活数字化的三个基本特征：破碎化（fragmentation）、多任务（multitasking）

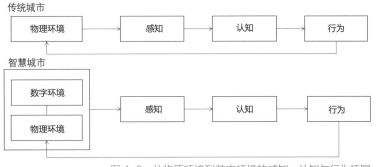

图 4-8　从物质环境到数字环境的感知、认知与行为拓展

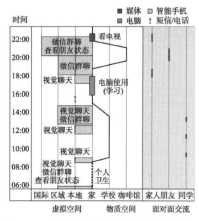

图 4-9 基于活动复杂情境的个体数字化日常生活展现

和平行活动（simultaneous/parallel activities）——线上活动对线下活动的时空替代。学者对一名高中生某日的线下和线上的日常生活进行了表达与计算。该高中生的日常活动包括通过手机进行虚拟空间社交，以及使用传统媒体与电脑互动，这些均展现了数字化转向背景下日常活动的复杂情境（图4-9）。

从时间地理学的角度，哈格斯特朗（Hägerstrand，1970）总结出了人在三种约束下呈现出的行为的特定时空特征：能力制约（生理需求或资源可得性）、组合制约（个体之间以及个体与环境之间的交互需要）和权威制约（法律、社会规范等）。而如今，信息技术通过数字红利的释放，极大地促进了生产力的飞跃，提升了资源的可获得性。这一过程不仅解除了个体间交互、人与环境间交互的原有束缚，还深刻影响乃至重塑了人们的社交习惯，从而在不同程度上转变了这些传统制约模式的面貌。鉴于此，我们迫切需要对人、环境、时间、空间等核心要素进行全新的审视与思考，以洞悉数字环境下时空行为变迁的内在机制，并深入探究这一时代中变化与不变并存的独有特征。

巴蒂（2020）认为"新技术在城市空间、生活、运行等多维度的深层嵌入，正在改变或者说正在创造着城市要素和个体之间所建立的联系方式、行为特征和属性"。从环境心理学和环境行为学的整合视角来看，人与环境的互动存在着感知—认知—行为的逻辑。掌握物理环境的认知行为机制有助于我们发现数字环境的认知行为机制。在数字技术出现以前，人们感知物理环境，做出行为反馈于物理环境。数字技术出现后，ICT 创造的数字环境改变人与传统物理环境交互的过程，人们感知数字环境以及数字/物理混合环境，产生新的认知判断，继而通过新的行为模式作用于物理环境，带来物质环境的改变，这便是智慧城市对城市空间影响的底层逻辑。例如，利用街道上的摄像头和电子围栏产生的数字场域。摄像头作为监控装置，在场域内对人的行为进行监视，这会对个体行为产生一定程度的约束。电子围栏则通过其特定的空间限制，改变了人们在空间上的行为方式。安德烈耶维奇和沃尔奇克（Andrejevic and Volcic，2021）认为视频监控与人脸识别是利用城市空间将基于网络空间的"数字圈地"（digital enclosure）扩展到物理世界中的"可操作性圈地"（operational enclosure）。导航工具的使用也可能对人的空间导航能力产生影响（董卫华等，2023），而虚拟现实空间环境会改变人们的寻路行为。

这种影响可以显著地改变人们在特定空间内的行为习惯和行为选择。数字技术对人的空间可视化能力、空间定向能力、空间关系判断能力等都产生了影响，改变了人的空间行为。人的新的感知引发的行为活动，使城市物理环境与数字环境也进行了深度解耦和重组。

物质空间既是人们活动的场所，也是受到人类行为影响的客体。在智慧城市空间复合系统中，人处于中心位置。人不仅是空间感知的主体，也是空间利用的主体。人与智慧环境的互动交织在一起，形成了环境、心理和行为模式的新图景。技术经由人的行为改变空间的逻辑，重新强调了在人—机—环系统中人的中心性（图4-10）。技术通过交互和算法深刻嵌入我们对城市空间的理解和使用过程中。互联网产品注入了资本动力，驱动和改变了城市社会在虚拟世界中的结构。然而，在这一背景下，互联网时代的城市居民通过日常生活行为的变化也对技术产生了新的推动作用。因此，在这个历史节点，我们需要深入理解科学哲学对于技术与人文互动命题的新意义。

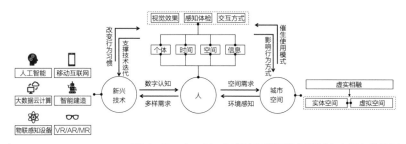

图4-10　人—机—环复合系统下的智慧城市空间变革机制

第 5 章

智慧城市规划类型辨析

Chapter 5
Analysis of Smart City Planning Typology

不同于智慧城市产品，智慧城市规划作为公共政策，对智慧城市发展有着特别的意义。与城市建设类似，智慧城市领域也存在着"先规划后建设"的模式，但其表现形式、内涵特点和传导机制却各不相同。智慧城市规划是站在城市巨系统的宏观高度对智慧城市建设进行布局。在信息化领域，这种规划常常被称为智慧城市的顶层设计，也可以说是智慧城市领域的"总体规划"，它是引领信息化工程建设和智慧城市发展的公共政策工具。本章将对多种类型的智慧城市规划进行辨析，研判其发展趋势，同时分析智慧城市规划对城市发展起到的引领作用。

5.1 智慧城市规划的意义

1. 通过公共政策保障社会利益

规划作为公共政策在智慧城市建设中扮演着重要角色。它不仅仅是指导具体建设行为的指南，也是形成公共决策的方式之一。作为起源于厂商的概念，智慧城市的商业基因注定了它会在社会结构面前受到质疑：技术系统是否能够"在没有偏见或扭曲的情况下对异构关系和状态进行建模"（麦奎尔和蒋效妹，2023）。尤其对厂商来说，智慧城市产品往往处于 2G 业务线，因此，政府在此方面扮演着主要的投入者和使用者的角色。城市级信息化工程牵涉到大量公众利益，需要特别审慎考虑，通过公权力维护数字正义，能够避免信息化的自组织，我们还要确保各方利益得到充分和均等的关注并保持平衡。

智慧城市规划从城市发展出发，协调市场侧和政府侧的关系。通过政府主导，厂商与公众参与，促进多方协力共同推进智慧城市建设产业发展；由政府强化资源整合，实现城市综合信息共享和网络融合。在智慧城市建设的不同阶段，政府和企业分别发挥不同程度的作用，共同引导信息化在各个领域的应用推广，建立统一的信息化管理机制。在自上而下式的决策传导中，做好城市层面信息资源的整合，优化投资效益，推动数字社会构建。智慧城市规划可以促进公共部门和企业之间的良性合作，更加科学地配置公共数字资源。

2. 城市的复杂系统性与整合设计

城市是开放复杂的巨系统。与传统城市规划类似，智慧城市规划要解决复杂问题，就需要关注事物的关联性和动态性，把城市里的各个系统、各个部门综合起来考虑。以往的信息化建设主要集中在各垂直领域，但局部的经验不能代替整体的战略布局。同时，存在于各领域的信息化工程的可研、初设需要更顶层的统筹。在信息化工程的建设愿景和具体工程项目之间，如果缺少规划的指引，常常会带来愿景和实施效果的脱节，项目不能准确地实现规划的目标和效益。智慧城市规划将超越一般意义的信息化系统设计，做到城市级的大尺度谋划。因此，通过顶层设计，明晰智慧城市各类项目具体的建设方针、路线，在全市一盘棋的框架下，有效指导智慧城市相关工程的设计、建设实施和运营。

从技术发展阶段来讲，ICT 应用已经从单点时代进化到多模态时代。随着算法与算力的持续，人工智能在城市各领域的应用场景从单点的语音控制、人脸识别等迈向多模态深度语义理解，实现了对图像、视频、声音、语音、语义等各方面的理解与识别。多模态 AI 智能交互将成为人与城市环境和各部件设施交互的主流方式，场景将更加丰富、多样化，存在各种交叉和集成的需求。因此，单一、线性的产品设计方式，无法应对多模态、多场景的融合趋势以及复杂的"城市病"。应当通过顶层设计做到大场景谋划和跨领域融合。以城市建设与治理全局为视角，以交通拥堵、环境污染、市容环境、公共安全等具体城市管理问题为向导，带动城管、环保、交通、公安等的联动共治，形成多部门齐抓共管的格局。

3. 避免信息孤岛与重复建设

以往的智慧城市以各委办局为主导的政务信息化建设为主。目前绝大多数部门数据是垂直管理的，形成一个一个的"数据烟囱"。各种数据服务的不是一个系统，这就导致了大量的重复建设尤其是重复的数据采集。智慧城市规划通过整体统筹、数据驱动规避重复建设，实现数据与信息基础设施的共享共用，形成数据驱动智慧城市运行的良性循环。

4. 体现以人为核心的发展观

智慧城市规划与信息化产品设计之间的最大不同，在于前者以市民需求为出发点，而后者则以销售利益和商业模式为考量。以市民为核心，多元主体的全面参与对于规划是否成功至关重要。智慧城市规划强调解决城市实际问题，以市民的需求和利益为出发点。其目标是更准确地发现城市问题，并寻求解决问题的有效机制。作为公共政策，规划可以充分基于人的需求与行为，引导和鼓励市民更充分地参与智慧城市建设，真正实现以人为本的智慧城市发展理念。

5.2 智慧城市规划三大类型

长期以来，主流语境下的智慧城市规划侧重指信息化类的智慧城市规划。这类规划多为 IT 与互联网公司参与，由信息化咨询研究机构或政府信息化主管部门编制，并由政府发布实施。在技术上多参照工业和信息化部的相关标准。但经过这些年的发展，智慧城市规划不断演变出多种类型和形态。智慧城市规划类型的多样性，恰恰是其内涵不断得到拓展的反映。国内外相关智慧城市规划的案例，根据其构成要素、规划对象、规划模式等特点，大致可以将其分为战略类、信息化类和空间类三大类。

1. 战略类智慧城市规划

战略类智慧城市规划是指由政府主导的用于指引城市智慧化发展的战略规划，其从整体城市发展战略出发，通常是区域级、城市级的大尺度规划，内容以发展理念、远景展望和发展倡议为主，指导性高于实操性，政策性较强，更加宏观和综合。

英国伦敦的智慧城市规划曾经是伦敦最重要的智慧城市发展战略。《智慧伦敦 2020》将以人为本作为最核心的原则，规划中的第一句话就是"伦敦市民是核心"（Londoners at the core）。规划指出要成功建成智慧伦敦，必须把市民和企业放在中心位置，以智慧技术手段推动治理优化，这样才能驱动城市的创新。规划以"让伦敦人的生活更美好"为目标，强调"公平、共享、

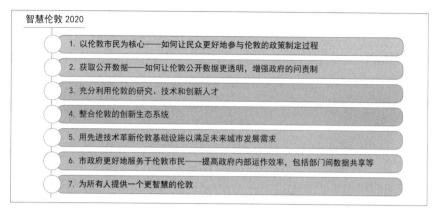

图 5-1　智慧伦敦总体发展思路

图 5-2　国外智慧城市规划文本

绿色、开发、活力"的原则；侧重公共平台建设，注重信息共享，在智慧交通和环境领域涉及较多，并且强调针对城市智慧化发展在法规和管理机制上进行创新（图5-1）。

国外的战略型智慧城市规划着重强调公众参与，往往采用图文并茂的方式编制，尤其注重宣传手册的形式，以提升公众传播性。这些规划常通过举办工作坊和制作宣传册等方式来促进公众参与（图5-2）。

美国西好莱坞市推出了《WeHo 智慧城市战略规划》并提出了 *WeHo Smart City* 倡议。该倡议的核心理念是以人为中心，通过深入理解设计，为居民、游客和当地企业提供最佳的体验。该规划采用了漫画形式的报告，生动形象地向公众传达信息，在展示未来城市愿景的同时，展现了数字化技术与居民生活的关联（表5-1、图5-3）。

战略一：为一个为未来做好准备的智慧市政厅创建数据文化	
1.1	建立数据分析能力
1.2	开发仪表盘来跟踪主要城市优先事项的进展情况
1.3	为 WeHo 建立移动数据管理计划
1.4	扩大路边管理试点
1.5	采用智慧城市隐私政策
战略二：跨部门协作和实验，以更少的资源完成更多的工作	
2.1	创建一个"比萨跟踪"工具，用于管理内部流程的工作流
2.2	为新的数字参与和反馈工具制定测试策略
2.3	采用数据共享策略和工具，使旅行者更容易访问移动数据
2.4	探索按需运输试点
战略三：自动化流程以获得卓越的客户体验	
3.1	启动公共安全试点
3.2	实施关键互联基础设施备份
3.3	开发一个智慧城市传感器（和建筑）计划
3.4	升级路灯基础设施
3.5	采用 IoT 审批流程

为什么选择连环画？

WeHo 智慧城市专注于利用技术来提升用户体验，因此，有必要考虑未来要如何塑造日益数据驱动化的市政厅、智慧街景和建筑以及制定智能移动解决方案。宣传册中绘制了一些小插画展现城市生活可能会遭遇的经历，为西好莱坞居民、游客和企业提供智慧技术支援。

居民体验

一种可能的情景是，技术如何通过更好的信息、公共和私人交通方式之间的连接以及支付选项来提高西好莱坞的无缝出行体验。智慧城市设计和更安全的街道以及为企业家提供的临时商业孵化空间进一步增强了整体体验。随着西好莱坞智慧城市项目在智慧市政厅中更好地整合了数据管理和决策，推出这些服务以使个人获得为其需求量身定制的"适当规模"的体验的潜力变得更大了。

图 5-3　西好莱坞市智慧城市战略规划宣传册

智慧城市战略规划在国内更多地作为城市发展战略的一部分。而我国更多的城市"战略规划"多为空间发展战略，或社会经济发展规划。前者对智慧城市考虑较少，主要为对城市发展原则性的设计，后者则在近些年对智慧城市发展战略有了越来越多的考量。如《北京市国民经济和社会发展第十四个五年规划和二〇三五年远景目标纲要》分别于"建设绿色智慧基础设施体系""加速拓展数字政府新服务""打造绿色智慧能源产业""提供智慧高效交通服务""推进能源绿色低碳智慧转型""提高城市精细化智慧化管理水平""打造高精尖产业发展新高地"等章节就各领域智慧城市与数字经济发展战略展开了论述。

2. 信息化类智慧城市规划

信息化类型的智慧城市规划长期以来是我国智慧城市规划的主要形式，通常也被称为智慧城市顶层设计。这种规划一般参照工信部的相关标准进行编制。根据《智慧城市 顶层设计指南》GB/T 36333—2018 的定义：智慧城市顶层设计是从城市发展需求出发，运用体系工程方法统筹协调城市各要素，开展智慧城市需求分析，对智慧城市的建设目标、总体框架、建设内容、实施路径等方面进行整体性规划和设计的过程（图 5-4）。

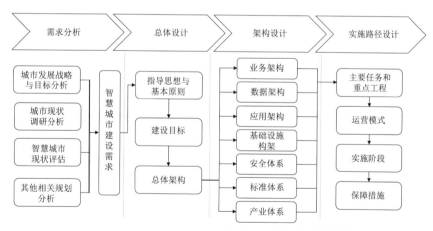

图 5-4　智慧城市顶层设计内容与编制流程

信息化类智慧城市规划是从信息系统建设出发指导信息化工程建设实施的实用性规划，向上承接信息化战略、向下指导项目落地实施，实用性较强。信息架构（information architecture，IA）的设计是智慧城市规划的核心，包括业务架构、数据架构、应用架构三大核心架构，以及安全体系、标准体系等保障性内容。

智慧城市规划文本及研究报告是一个城市信息化工作的核心，主要用于描绘智慧城市建设发展的蓝图，文本涉及城市级信息系统的总体架构、技术架构、数据架构、标准体系和产业支撑等方面，为近期（3～5年）发展提供总体设计方案。规划内容主要包括需求调研分析、总体架构体系设计及演进研究、业务应用体系设计、标准规范体系研究、建设机制与实施谋划等，有些也包括信息化相关产业发展的规划。规划将智慧城市建设过程中的分项内容进行详细的设计，用以指导智慧城市具体项目的建设开展。顶层设计一般会形成一个精简的报告或纲要，将智慧城市规划的核心思路和总路线图进行概括，并通过向社会发布起到宣传作用。

其中，总体架构和业务应用体系设计在规划中占有最重要的篇幅。总体架构体系的规划设计，包含技术架构、数据架构及平台研究等内容，需基于最新的信息科技构建智慧城市的技术体系，打造全面感知、智慧赋能、快速迭代的智慧城市体系。顶层设计将明确整个城市数字系统的总体架构，例如根据城市感知神经网络、城市智能云平台、城市大数据中心、AI计算处理中心、城市治理领域创新应用等技术组成，设计一个完善的技术支撑体系。例如城市感知神经网络需要基于物联网技术的泛在感知设施，城市智能云平台需要基于云计算技术的超级计算中心，城市大数据中心需要基于大数据的数据共享和融合技术，AI计算处理中心需要基于移动互联网技术的机器智能通信能力。业务应用体系可用于设计智慧城市总体能力框架，以全局视角建立城市在智慧政务、公共安全、交通、生态环境、居民服务等多个领域的分项应用体系，并重点研究业务协同和统分关系，真正实现城市级的智慧创新应用。

同时，标准化建设也是智慧城市规划的基础性工作，具有统一规范、融合保障等作用，是推动信息技术全过程应用于智慧城市建设、管理和运行的关键因素。完善的技术标准体系，是推进智慧城市健康、有序、高效、可持续发展的重要技术保障。

《杭州城市数据大脑规划》是这类规划的典型案例，也是杭州市近年来智慧城市领域最重要的规划。该规划提出杭州城市大脑系统总体架构（图 5-5）。城市数据大脑构成包括大脑平台（包括计算资源平台、数据资源平台、算法服务平台）、行业系统、超级应用（架构于大脑平台和行业系统之上的综合性应用）、区县中枢（支撑区县建设基于城市数据大脑的创新应用）等。在主要体系构成中，城市数据大脑汇聚城市海量数据，利用云计算能力，通过大数据、人工智能等技术支撑各行业系统有效运行并提升系统能级。城市数据大脑的大脑平台、行业系统和区县中枢之间在数据资源层对接，形成完整的城市数据资源平台。

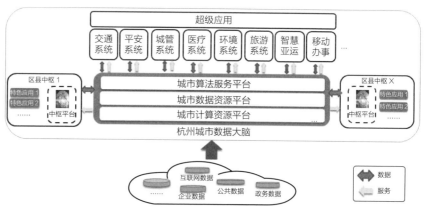

图 5-5 杭州城市大脑总体架构

3. 空间类智慧城市规划

信息化类智慧城市规划在相当长的时间内是智慧城市规划的主流。但因其局限于信息化系统且缺乏空间考量，难以与空间规划衔接。在智慧城市建设愈发与城市空间融合的今天，需要将信息化规划与城市空间要素充分融合，以城市空间场景来综合布局数字技术。在这样的背景下，空间类智慧城市规划应运而生。智慧城市空间规划从信息基础设施、智慧交通、数字化应用和服务、数字经济等方面，结合城市与片区空间布局，针对性地进行智慧化建设引导，以优化生活环境和服务质量为导向，满足城市居民的需求。通过合理分配布置城市空间资源，促进智慧城市可持续发展目标的实现。

新出现的空间类智慧城市规划通常由建筑事务所和规划设计院编制方案，强调 ICT 与空间营造建设的融合，同时也吸引了许多科技企业的参与。这类规划更多呈现为城市设计的形式，通常关注不同尺度的城市空间，尤其是片区和街区级的空间尺度，展望未来新技术设施可能带来的空间变革，突出新技术应用的可视化效果与实体空间中的可感知性。在城市设计竞赛中，这种类型的规划尤为常见。相对于前述两种类型的规划，目前空间类智慧城市规划尚未形成一套完整的体系和范式，但作为新兴发展方向，正在经历快速发展阶段。谷歌 Sidewalk Labs 设计的多伦多滨水区和丰田的编织城市设计被视为此类规划的典型案例。

5.3 智慧城市规划类型的演进趋势

1. 不同类型规划的多样融合

随着智慧城市发展的不断深入，各类智慧城市规划在形态和内容上都在不断融合。以战略类和信息化类规划为例，两者本身具有较强的融合性。基于信息架构的顶层设计要与城市自身发展战略融为一体并彼此促进。所有城市在制定智慧城市发展思路的时候都依托城市总体战略驱动，与各自城市的定位、机遇和挑战密切关联。各城市越来越意识到，智慧城市不仅仅是一项工程蓝图，也是一套综合的社会发展战略集。

信息化类和空间类智慧城市规划的融合，表现在空间规划的不同层面。近年来，一些城市规划和国土空间规划中开始出现智慧城市规划的内容。湖北省开展了富有地方特色的实践，推动省、市、区三级的"流域综合治理和统筹发展规划"，其中统筹发展规划部分以"城镇化、工业化、信息化、农业现代化"四化统筹为核心。这项规划从战略角度对信息化的发展进行了筹划，并将其与城市空间建设融合，其中包括空间布局等方面。这种做法实际上综合考虑了战略类、信息化类和空间类三种智慧城市规划，呈现出较高的综合性与创新性。

雄安新区的规划在城市规划中嵌入了一部分信息化类规划的内容。在2018年发布的《河北雄安新区规划纲要》明确提出："坚持数字城市与现实城市同步规划、同步建设，适度超前布局智能基础设施，推动全域智能化应用服务实时可控，建立健全大数据资产管理体系，打造具有深度学习能力、全球领先的数字城市。"规划提出与城市基础设施同步建设感知设施系统，实现对城市全局的实时分析。推进数字化、智能化城市规划和建设，构建全域智能化环境。规划以城市信息模型（CIM）平台统领数字孪生模式，并同时对建立数据资产管理体系提出了策略和建设路径。在城市治理方面，提出推进城市智能治理和公共资源智能化配置。雄安新区也首次在规划的指标体系中提出数字经济比例，自此数字经济规划开始成为各地智慧城市规划的重要内容。

国外有些城市并没有编制单独的智慧城市规划，而是将智慧城市规划的内容融入各类政策文件中。以纽约为例，纽约并没有制定专门的智慧城市发展计划。从纽约自上而下的各类城市规划中，更强调智慧城市是实现城市治理的手段或者工具。从纽约发布的未来战略规划中可以看到，智慧城市是城市变得更加"绿色""强大""公平"和"弹性"的重要手段。

纽约智慧城市发展政策优先从民生和政务服务等细分领域发展起来，并落实到各部门具体的细则中。此外，由于制度的差异，以及例如美国各州、市的相对独立性，政府在政策制定上采用更加开放的管理方式，强调企业和政府、公私机构共同参与和建设。

2. 新的规划类型不断出现

近年来，各类智慧城市规划在相互融合的基础上，不断演进出新的规划模式。数据资源作为智慧城市的核心资源，是智慧社会的重要生产资料，对其进行规划和管理已逐渐成为一种专门类型的智慧城市规划。对数据资源的规划涉及数据的采集、存储、流转、共享和安全等方面，旨在充分优化数据资源在城市中的配置，以支持城市的智慧化发展。在 2019 年，北京发布的《北京大数据行动计划》便以数据资源的规划建设为核心，提出的规划目标是实现数据资源全面汇聚共享，使大数据成为提升政府治理能力、加强城市精细化管理、提高民生服务水平、促进经济高质量发展的重要引擎和支撑。

数字经济也是近年来智慧城市发展的热点。数字经济通过大数据、云计算、物联网、区块链、人工智能等新兴技术驱动，以数据作为核心资源促进推动生产力发展和经济形态创新。在技术层面，数字经济的许多新领域都可被纳入智慧城市规划范畴，例如"工业互联网""新零售"和"新文旅"等。以我国台湾地区的台北市为例，台北在新冠疫情期间发布了《台北市后疫情时代产业数字转型政策白皮书》，这是一个特定时期数字经济发展的产业规划。这份规划针对新冠疫情加速的趋势提出了一系列应对策略，包括"零接触，宅经济""健康医疗与安全防护"等。在后疫情的新趋势下，规划提出了基于数据驱动的经济转型发展的愿景和策略，包括数字基础设施建设、数字人才培育、产业转型辅导、宅经济发展以及零接触服务等方面的计划和措施。

新型基础设施建设也成为近年来的政策热点。以湖北省和十堰市为例，湖北省近年来不断出台围绕新基建、工业互联网、数字经济的政策性规划文件：《湖北省疫后重振补短板强功能新基建工程三年行动实施方案（2020—2022 年）》《湖北省 5G+ 工业互联网融合发展行动计划（2021—2023年）》《湖北省新型基础设施建设"十四五"规划》；而十堰市则有《十堰市 5G 通信基础设施建设实施方案》《十堰市电动汽车充换电设施布局规划（2021—2035 年）》。这些规划更加细化落地，体现了智慧城市嵌入公共政策的新的形态与趋向。政策引导也渗透到社会经济发展的各个领域，包括对新商业模式的指导——例如《十堰市以新业态新模式引领新型消费加快发展实施方案》就提出以数字化的手段拓展提升各类消费新业态、新模式。

未来城市同样是智慧城市演进的重要方向。未来城市围绕城市的数字化转型，更强调智慧城市内涵和要素的复合性和前瞻引领性，并对新技术驱动的未来空间形态进行展望。清华大学建筑学院龙瀛团队在黑河市国土空间规划中开展了未来城市专题研究。专题提出了新技术驱动下的未来城市空间规划的框架，并提出了具体的空间规划和场景设计的策略。基于打造未来寒地边贸城市先行样板的战略定位，围绕寒冷地区的数字化生产和生活方式演进特点，谋划了未来产业、生活、游憩、交通等多元场景，并对其进行了空间布局的谋划与设计（李文竹等，2023）。

第 6 章

智慧城市空间规划：内涵与方法

Chapter 6
Smart City Spatial Planning: Connotation
and Methods

相比于瞬息万变的数字空间，物理空间变化具有滞后性，瓜里亚尔特（2014）认为："网络改变了我们的生活方式，但它还未改变我们生活的物理空间。"城市规划需要以发展的视角来探讨智慧城市空间的构建。智慧城市规划存在两种概念："智慧（的）"城市规划与"智慧城市"（的）规划，前者以大数据和信息平台为代表，后者聚焦新技术带来的空间变革，也是本书的主线。龙瀛（2020）有类似的论述：对城市科学的研究不仅要研究"新"城市科学——新技术在城市研究中的应用，同时也应当研究"新城市"科学——颠覆性技术驱动的未来人居变革。智慧城市规划需要突破技术决定论，从存在物的角度回归空间本体论，并在实践中探讨技术的空间实在。本章尝试将空间理论进行数字图景拓展并对智慧城市空间规划进行范式构建。

6.1 智慧城市空间规划的必要性

1. 信息化工程与土建工程脱节的"两张皮"

当前的智慧城市建设在一定程度上被信息化厂商所主导，形成了产品价值导向而非社会价值导向的逻辑。信息化类企业主导的智慧城市建设基于信息化系统架构的技术逻辑，以追求利润最大化为目的进行产品营销，与城市公共政策的治理逻辑产生了矛盾。同时，智慧城市建设中也存在信息化工程和土建工程各自为战，缺乏融合的现象，造成出现技术与空间脱节的"两张皮"的状况。笔者曾经在某次城市规划行业会议的考察环节，参观过某地所谓的"智慧公园"。这个由某IT企业主导建设的公园，仅仅在原有公园的基础上增设了一些智能环境监测装置和一个5G体验馆，未能将新技术与公园的环境品质融合。参观者往往在5G体验馆蜻蜓点水般地体验一下智能技术，与他们游览公园的行为活动没有形成有效关联。新技术应用场景和公园的场所营造缺乏互动。混乱的游览路线组织、无序的植物搭配、低品质的景观设计，都无助于吸引游客体验这个公园的自然环境。缺乏良好的空间体验，使得这个"智慧公园"谈不上具有真正的智慧。

"两张皮"问题的成因，在于土建领域与IT领域的行业实践在面向城市这一共同的客体时，缺乏融合与协同。在日新月异的城市变革面前，行业依旧在各自技术领域的传统叙事下进行着独立的实践。这背后的原因，涉及行业管理上的条块分割，也涉及行业与学界缺乏交流的问题。这也导致了规划设计中的悖论：IT技术人员在开发智慧城市产品时对城市空间并无概念，但城市规师和建筑师也没有及时来弥补这个空缺。施拉波贝斯基和帕普斯（2020）指出："在智慧城市设计的各个领域中，科技最受关注，而空间设计最不受关注。但从城市建设的角度来看，现实应该正好相反。"这反映了信息化导向的智慧城市规划缺乏对空间的关注——或者说，更多的是因行业与现实脱节而带来的主观漠视。这是现实存在的问题，亟须通过跨行业的融合进行解决。

2. 从城市韧性来看当前智慧城市的不足

一些地方的智慧城市建设过于局限在狭义的"智慧"——信息技术,而缺乏对技术与空间多重要素的整合考虑。近年来,各地城市频繁遭受暴雨、洪涝等极端气候引发的灾害,这引起了人们对以信息化工程为核心的智慧城市的反思。尽管移动互联网、物联网、城市智能运营中心技术与设施得到普遍建设,但城市在面对灾害时仍然显得脆弱不堪。当灾难发生时,数字系统显得无力应对。在极端天气条件下,一些城市的数据中心和运营管理中心会受到严重影响,无法正常运转。这暴露了智慧城市建设的重要问题:数字基础设施与城市空间建设运营之间缺乏有效的协同。两者没有形成正向叠加作用,反而产生了负面影响,使城市韧性不足。

与前信息社会时的灾害,例如 1998 年的洪灾相比,城市在近些年的灾害应对中体现出了时代特点——机动化的交通、轨道交通、网络通信等要素,这代表着现代城市中生产生活方式的变革。当今市民能用到的科技工具是 20 世纪的市民所无法比拟的,这也是现代城市具有的优势。因此,在城市建设中,需要结合当前市民生活方式的演变趋势和物质条件,对未来的生存模式提前进行预判。现代城市要建设弹性可变的建筑、景观、交通、基础设施,并提升物质环境在灾难面前动态调控的能力,这意味着人居环境的"交互设计"——通过对市民与城市物质环境互动模式的优化,提升二者动态协同抵御风险的能力。城市是复杂巨系统,是物理系统和社会系统的叠加,但起决定性作用的是社会系统。城市的主体始终是人。在灾害中,看似是城市展现出脆弱,实际上是暴露了人的脆弱。在断电、断网的受灾城市,现代文明和科技在一定程度上远离了我们,这时候个体的应对能力和社会组织的价值就得到了凸显。

因此,我们亟须通过新型智慧城市融合信息技术和实体空间营造,推动城市物理层和数字层的协同,将信息技术与基础设施等实体要素充分整合,使人居环境质量得到复合性提升,真正让城市具有"类生命体"的智慧,实现在灾难面前科学、及时、有效地响应。

3. 城市规划需要及时回应数字时代变革

传统城市规划往往聚焦于物质空间，忽视了对数字环境的空间干预能力（张恩嘉和龙瀛，2020）。这种规划模式在面对日益数字化的城市时显得力不从心，无法有效地引导城市的发展。传统规划对新技术的应用，往往将其作为辅助工具来支持传统范式的操作，无法充分应对数字化城市的挑战。

当前的城市规划体系也缺乏对智慧城市建设内容的容纳，无法有效地为智慧城市的发展提供引导。从空间规划的角度来看，日益数字化的城市空间资源同样需要规划治理。在很多城市规划设计项目中，智慧城市被视作一种对未来进行畅想的形式要素，仅作为概念或表现上的锦上添花，缺乏与空间规划和管控机制上的深刻联动。因此，在智慧城市发展的新时期，城市规划行业应当与时俱进，通过创新和拓展，响应智慧城市变革，体现引导未来城市发展的使命与担当。

曾任麻省理工学院建筑与城市规划学院院长的建筑师威廉·米切尔（2006），在信息化大潮初起的 1999 年就提出："必须扩展建筑和城市设计的定义，将虚拟空间与现实空间、软件和硬件全部包括进来。"在 Sidewalk Labs 的多伦多滨水区设计项目中，规划师对城市的图层进行分解，创新性地提出了城市数据科技层，这个项目因此也产生了划时代的意义。与构成城市的其他图层不同，数据科技层具有独特的时代性，代表着城市进入数字时代后的系统性变革。

6.2 城市规划在数字时代的拓展

智慧城市规划需要实现对空间理解的跃迁，应超越将城市看作物质空间与场所集合的认识，将网络和流作为城市系统的重要组成部分（巴蒂，2019），促进物质空间和流空间的协调发展（甄峰等，2019）。应当认识到，当前的城市规划不再仅仅是物质形态的规划，而是包括社会经济、社会治理、数字环境等多方面内涵，促进城市全面发展的方略。城市规划同数字环境紧密结合是对时代的回应。如果智能技术仅作为辅助，将无法充分提升空间的效能与价值，也无法真正体现数字化引发的城市生活变革。

麦克洛克林（McLoughlin，1969）认为，规划即对系统的持续控制过程。从这个角度讲，城市规划应当在信息时代进行与时俱进的变革，实现在数字化影响下对城市复杂巨系统的建设管控和发展引导。尽管城市规划学科与行业源自一百多年前的工业革命时期，但在数字时代依然具有蓬勃的生命力。因为日益数字化的城市仍然需要从整体层面对其生长和进化进行谋划与干预，以避免（数字时代的新型）"城市病"，一如在前信息时代的规划师所做的那样。

新时期的城市要求城市规划从人对美好生活的向往出发，通过多维的感知、网络化的虚实交互来构建城市新形态。在物理世界—数字世界的数字孪生基础上，通过人机交互（human-computer interaction，HRI），物理—数字层的互动将催生出混合现实层，并将承载大量的市民数字化社交，体现出实体经济活动向线上迁移与线上线下交互的趋势。因此，需要拓展人居环境的数字化内涵，提升智慧城市建设的感知性和亲人性。通过环境智能监测、城市家具的智能升级、智能互动公共设施的植入、建筑物和构筑物外立面的智慧化改造等，营造泛在感知、人机交互、虚实互动的城市空间，丰富景观效果和感知体验。规划实践者需要研究人工智能、无人驾驶和低空飞行等前沿技术对城市空间形态的影响，打造智慧街道、智慧公园等面向未来的，智能化、可生长、高品质的城市空间。

规划师将在虚拟世界中为公共决策和政策制定提供新的智力支持。城市规划之所以存在，就是在现实中存在城市开发建设的市场失灵。因此，需要城市规划作为公共政策，代表公权对私权在空间上进行调控。在发展智慧城市的背景下，这种规划介入需要实现从物理空间向数字空间的拓展，并形成数字物理复合系统。只有通过公共政策实现对公共权益的保障，才有可能避免智慧城市社会达尔文化，规避赛博朋克对于未来世界技术进步但社会失控的隐忧。

城市规划需要不断拓展外延，才能在深度和广度上应对具有高度不确定性的新兴空间变革。广大 IT 和互联网公司介入数字城市建设，是从"2B"的行业应用和产品角度来理解未来城市的。如果把城市作为一款互联网的产品，规划师则需要从 C 端入手，深刻地理解终端用户的社会文化心理、数字化生活方式的变革，才能从规划的角度深度参与当前城市的时空演变。

从空间规划角度对于智慧城市的研判，可以从横向和纵向两方面展开。在横向上，于实体一虚拟两个图层之中，我们需要对空间尺度进行重新定义。在物质实体层面中，长期以来，我们在做城市规划和设计时，对地块和单体建筑的尺度、体量，以及人的尺度有非常详细的研究。但在虚拟空间以及虚实交织的空间中，人们对于空间尺度的感受将会是什么样的状态？我们平时对于人的尺度的观感，是否会产生颠覆性的变化？这是规划师介入数字城市规划时，需要考虑的核心问题。

在纵向上，要关注不同图层之间的传导，尤其是在数字城市和现实城市之间进行的传导，其是由物联网、传感器和数据流所进行的数字化转译。但在不同图层、不同世界之中，穿行的是一个个具体的人。因此，人类可以看成是身体在现实世界，而精神处于虚拟城市的一种组合型生命体。而跨越虚拟和现实世界的信息传导，在本质上是依托于信息基础设施，还是从人性出发的精神沟通，也是我们所需要考虑的一个问题。

虚拟与现实交互的城市看似是一个非常新的理念，但是从虚拟空间和现实空间相融合的角度来看，哲学家和社会学家们对它早有认识。数字孪生城市简单说是现实和数字空间的叠加，但这种叠加并不是简单的一加一等于二，而是一加一大于二。两者的结合共同形成了新的产物——虚拟与现实融合的新空间。其本身产生了一种新的空间生产机理，这种机理又反作用于空间，推动这种混合空间的迅速迭代和更新。

规划是空间干预。如果说信息化类的智慧城市规划（顶层设计）是 1.0 版的对信息化工程建设的公共政策引导，那么智慧城市空间规划就是 2.0 版的公共政策，特别是规划中增加了空间要素的干预内容。在信息基础设施建设和城市治理得到优化提升之后，我们的数字城市空间将进行本体论意义上的根本演变。这才是我们真正对于智慧城市和未来城市的完整理解，是我们展望未来城市的一种最终的可能。

空间性依然是我们从规划的角度对数字城市理解的一个核心出发点。城市规划师参与智慧城市的最大优势是对于城市的理解，特别是对城市空间的理解。那么作为规划师，应该如何看到数字城市的空间性。在数字时代，空间性依然是城市问题的核心。列斐伏尔（2022）认为，空间性是人类动机和环境构成的产物。诸多融入了社会关系的空间性与现代性密不可分，是理解当代社会生产最重要的视角。基于这样的视角，在数字空间我们同样可以得到这样一种观点：空间性是社会关系的体现，我们在数字空间中的社会活动必然产生其空间性。但是这种数字空间中的空间性，与以往我们在现实社会中所体验到的空间性有所不同，它展现了更多的数字和虚拟的内容，它的空间复杂度在深度和广度上都有了无限延展。

智慧城市空间规划有两个特点：一是涉及跨行业、跨领域的知识与技术集成，除了传统城市建设涉及的各要素之外，还需要统筹考虑各项信息化基础设施和新技术的应用；二是涉及诸多创新领域，没有现成的解决方案，需要进行前沿探索。包括需要合理设计信息流赋能的智慧业务体系，并通过合理布局信息化基础设施使应用场景与空间体系实现较好的结合。这都是传统城市建设中不涉及的。这些内容缺乏充足的案例作为参考，行业专家也较为稀缺。为了有效推动智慧城市空间规划的发展，需要将智慧城市的技术体系、业务体系、保障体系和运维体系等要素通过定量和定性相结合的方式与城市空间规划深度融合。这种融合有助于形成标准化的规划方法和技术流程，对于保障智慧城市的科学建设和城市的健康可持续发展至关重要。

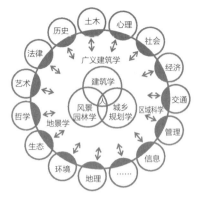

图6-1　人居科学的学科体系

从学理上讲，智慧城市空间规划需要以吴良镛人居环境科学理论的完整性框架（图6-1）为基础进行相应的内涵拓展。从人居环境科学的角度来看，数字图层、数字系统、智慧场景等不同的概念表述，都将成为人居系统的重要组成部分。智慧城市规划应当是一项综合规划，作为国家空间规划体系的重要组成部分，而不是单纯地作为信息化领域部门的专项规划（甄峰和孔宇，2021）。除此之外，还需要在通用标准的规划模式基础上，结合各地的特色和需求，进一步深化和细化地方标准或专项指南。这种做法有助于实事求是地指导智慧城市的建设，使规划更加贴合实际，更有效地促进智慧城市的发展。

6.3　智慧城市空间规划内涵

近年来，随着数字技术在城市各领域的渗透，数据的产生、采集与分析技术推动了城市规划与设计中的量化分析。龙瀛和沈尧（2015）提出了新数据环境下的城市规划与设计的数据增强设计的方法论。王建国（2018）提出了城市设计的四代范型，认为经历了传统城市设计、现代主义城市设计、绿色城市设计几个阶段的发展，第四代城市设计是基于人机互动的数字技术方法工具变革，促进规划设计编制实现"从数字采集到数字设计，再到数字管理"的跨越式发展。

在大数据分析和城市信息模型等技术在城市规划中得到广泛应用的同时，规划设计对于 ICT 与新数据环境下的城市空间变革也应当有所回应。正如巴蒂（2020）在《创造未来城市》中对实体空间变化的论述："随着数字世界的出现，城市中许多支撑不同城市职能和功能的空间及形式已不再需要，或者说不再具有物理的形式。"

在 ICT 的影响下，城市空间的原型已经发生根本性的变化（龙瀛，2023）。新技术的驱动使城市空间从规模形态到功能使用已经历了多个维度的重塑。巴蒂（2020）认为新数据和新的技术方法在不断地发明和创造着未来城市，城市的发展就是新的空间不断出现并逐步取代旧空间的过程。杨俊宴和郑屹（2021）认为城市研究的新技术应当在研究以静态物质空间为特征的"老城市"的基础上，进一步深入关注由物质空间与数字技术深度嵌合的数字构成的"新城市"。新技术嵌入城市，经由人的认知与行为推动空间实现一种新陈代谢式的演进。在各种关系的叠加上，形成多个系统的综合系统（system of systems），各子系统以彼此协同的方式共同演化。

在数据支持的基础上，数字化城市规划不仅需要运用先进的设计工具，还需要深入挖掘与研判数字技术带来的空间变革，这将带来规划设计内容的创新。通过将数字技术与城市规划设计的核心内容相结合，可以实现更加智能、科学和高效的规划效果。通过将新技术驱动的城市形态变革与城市运行的实时数据监测、人机互动的智能系统等方面的内容协同，把以大数据、信息平台为代表的数字化工具和支持与数字技术带来的城市空间本体变革相互融合，能够实现"工具支持"与"内容创新"的互相促进（图6-2）。

笔者在"2021年第十五届规划和自然资源信息化实务论坛"上，发起了《从"工

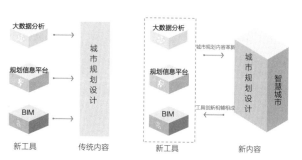

图 6-2 从数字化工具到数字化内容演进

具支持"到"内容创新"——智慧城市空间设计》的分论坛，首次提出智慧城市空间设计的概念。论坛邀请各行业专家在这个主题下，共同剖析新技术驱动下的空间变革特征，研判数字时代人与人、人与物质环境交互的趋势。通过探讨智慧城市技术与空间规划和城市设计结合的新方向，提出推动新技术在"工具支持"的基础上，深度介入城乡规划和城市设计的"内容创新"模式。用更先进的技术手段、视角和技术路线去研究和设计更前沿的城市空间，实现城市规划对智慧城市大潮的空间性响应。

甄峰和孔宇（2021）从城市规划而非传统信息化顶层设计的角度，提出了三点对智慧城市规划的理解：①应充分理解智慧城市对传统城市中人地系统的结构与作用机制的影响；②从城市居民的需求出发，基于人地和谐的视角，考虑智慧城市技术作用下人地系统内各要素的运行与组织关系；③强调智慧技术集成应用对居民活动方式以及地理环境的影响。智慧城市空间规划的本质是推动公共政策对于智慧城市建设的干预从狭义智慧（信息化）到广义智慧（人居智慧）的拓展。本章尝试为智慧城市空间规划作定义：智慧城市空间规划，将以人工智能为代表的一系列新兴技术，与城市空间面临的新的交互需求进行对接，形成"智慧化的空间"——智慧城市空间的整体方案（图6-3）。通过对空间开发建设做出管控和引导，来打造未来城市形态，承载数字经济生态，使城市更加适应数字时代居民生产生活方式的变革。

智慧城市规划应当是促进自然资源、社会人文、智能技术、空间一体化动态演进的框架（甄峰和孔宇，2021）。因此，智慧城市空间规划是一种综合性规划，要促进多元创新要素的创新融合：既促进各类信息化的新兴技术与景观、建筑、交通的融合，同时也搭载各种设施、社会组织和新经济业态多元丰富的社会性内容。智慧城市同时具有物质属性和数字属性，因此，规划应当两者兼顾，统筹数字技术、空间环境以及社会组织与治理。这种规划应充当未来创新要素的整合器，将多个方面的元素融合在一起。

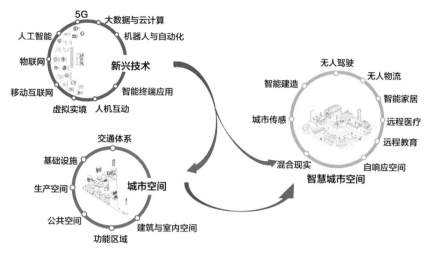

图 6-3　智慧城市空间规划内涵图示

6.4　智慧城市空间规划方法

智慧城市空间规划面临着一系列复杂而有挑战性的问题，其中最关键的挑战在于智慧城市的技术影响存在相当程度的非空间属性，或者说非直接空间性。数码物既非康德意义上的经验客体也非知觉客体（许煜，2019）。例如，我们可以容易理解一栋新的建筑对于周边环境及内外部关系的影响，却未必能直观地想象出一项数字化应用对物质空间带来的显性改变。这使得如何将数字化技术与实体空间规划相结合成为一项需要深入研究的议题。为了更好地适应数字化时代人们对空间的需求，智慧城市空间规划应当从各类 ICT 软硬件应用场景出发，基于人对数字环境的感知和其数字化活动的行为逻辑，进行整合式地空间干预，更好地满足日益数字化生存的人们对各类空间的新需求。在这个过程中，需要理解技术进步经由居民活动进而影响到空间变革的作用机制（图 6-4）。

智慧城市空间规划将重点考量智慧城市的物理表征，探讨信息技术与建筑、景观、交通等要素的融合呈现。空间是承载智慧城市的物理和形而上学的存在。

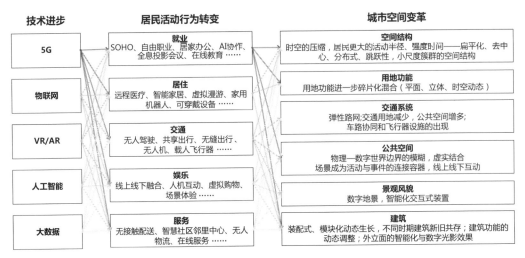

图 6-4　技术进步通过居民活动特征改变带来空间变革的过程

在规划中，智慧城市空间规划需要将信息时代涌现出的数字软硬件的作用进行空间性的理解，进而转化为空间规划语言，构建相应的方法论。从技术哲学的角度讲，要进行数字化要素向空间规划的转导（transduction），并引发系统的、渐进的结构性转化。

在智慧城市空间规划的设计中，可以采取以下四大建构策略：

（1）植入（implantation）

这一策略侧重于在城市空间中引入新兴的数字基础设施，像插件一样在城市不同层次的空间中植入新的部件和构筑物，如互联网数据中心（IDC）、智能运行中心（IOC）、智慧综合杆、各类感知设备等。通过这些物理设施的植入，借助数据流的模式实现对城市空间组织的实质性介入，为智慧城市的发展奠定设施基础。

（2）转译（translation）

该策略是将智慧城市应用的软件、算法、数据等非空间元素转译为对空间的影响，即将非空间元素转化为空间性的、实质性的规划内容。各类智慧城市应用最终将触达人的需求，带来人的空间活动和城市空间功能的变化。不同的空间区域或单元会在此过程中进行再组织，例如通过对不同活动特征的路段进行有针对性的多杆合一，对街道传感功能进行整合，实现数字化应用的空间可视化和布局表达。

（3）融合（integration）

融合策略旨在将数字技术与实体空间相叠加，形成具体的场景。通过场景的构建，实现数字技术与空间在中微观尺度上的融合，使其更贴近人的需求与尺度。这一策略将人的活动与数字技术融为一体，与中微观的场所营造密切相关，使得空间规划更具智慧化与个性化特色。

（4）重构（reconstruction）

随着数字化时代的来临，空间的形式、结构及其承载的功能受到了数字化方式的深刻影响。数字化的社会生活和城市运行持续影响空间的效能，并且以不同于前信息化时代的运行逻辑，对空间进行重新组织。泛在感知与海量数据汇聚，经由算法的演进，实现城市全要素仿真和推演。因此，需要理解城市内在的自组织与他组织的机理，对空间的整体结构进行策略性重构更新，使其适应数字化时代的要求。

通过以上四种策略，对智慧城市在空间规划中的作用进行多层次的理解与识别，进而实现对技术要素和技术关系的空间呈现与空间干预。在识别的过程中强调理性推导的逻辑，并将作用关系转化为定性定量的空间管控要素、管控标准与建设要求，进而与法定规划和规划实施体系充分衔接。

需要将"科技 + 空间"思维一以贯之地落实在规划过程中。此外还需要规避"技术帝国主义"的倾向，避免"手里拿着锤子，看什么都是钉子"的思维，去生搬硬套地编排新技术在空间中的静态投影。一定要从实际情况出发，合理进行技术与空间构建的融合。智慧城市空间规划呈现的应是非数字化空间与数字化空间的协同、融合与相互嵌套。

第 7 章

智慧城市空间规划：体系构成

Chapter 7

Smart City Spatial Planning: System
Composition

智慧城市空间规划旨在从空间视角理解智慧城市,并对其进行合理的空间干预——从空间层面来整合系统各相关要素,并将这种干预纳入空间规划体系。如前文所述,智慧城市内涵极为丰富,因此,智慧城市空间规划虽然以空间作为核心规划客体,在规划内容上应当体现完整性与系统性。当前智慧化的城市发展逐步从物理维度和社会维度的二元结构演化为信息维度、物理维度和社会维度三元融合的结构(刘泉等,2023a)。在技术、空间和社会三元融合体系下,智慧城市空间规划的主要内容应包含这些维度的要素,形成一个完整的体系,并以空间管控为抓手,为智慧城市建设提供操作指南。同时,这些规划内容需要与现有的空间规划体系相融合,引导并促进规划的实施落地。

7.1 智慧城市空间规划核心内容

在智慧城市的整体框架下，技术、空间和社会三者相互交融支撑，共同组成了智慧城市的发展格局（图7-1）。技术维度是智慧城市规划的基石，其侧重点在于构建先进的数字系统，通过物联网、大数据、人工智能等前沿技术的应用来建立高效、智能的城市运行系统。此外，这个范畴还包括了智慧交通、智慧能源、智慧制造、智慧医疗、智慧教育等垂直领域的技术创新，以推动城市的创新发展。

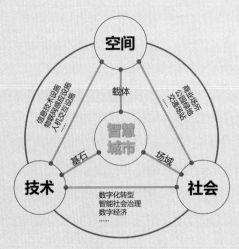

图 7-1 智慧城市空间规划的复合内涵

空间维度是智慧城市规划的核心内涵，旨在顺应数字化发展趋势，优化城市的功能组织、空间结构与用地布局，设计面向未来发展的具有弹性、多功能混合的场所。规划包括智慧基础设施的合理布设、智慧场景的设计与布局和新空间形态设计，将空间作为容器，承载新的生活方式、商业业态与社会组织模式。

社会维度主要包括数字化战略的制定与实施，以及数字经济的发展。数字化战略涵盖了政府、企业和社会多方主体，以实现数字技术促进城市整体发展

智慧城市规划复合内涵					
技术	空间			社会	
数字化系统	智慧设施	智慧场景	未来空间形态	城市智慧发展战略	数字经济体系
规划编制服务平台 多规信息服务平台 健身项目审批平台 规划项目库平台 智慧时空云平台	市政基础设施 数据基础设施 智慧空间设施	未来邻里、未来教育 未来健康、未来治理 未来创业、未来交通 未来建筑、未来低碳、 未来服务	自响应空间 弹性空间 交互空间 虚实融合	数字经济 数字政府 智能场景 技术研发 人才引进	数字技术 产业升级 数字设施建设 数字化转型

图7-2　智慧城市空间规划六大规划内容

模式的创新升级。数字经济涉及产业数字化发展、数字化生产和数字化驱动等新商业模式，为城市经济的提升提供了新动能。

将技术、空间和社会三个维度进一步分解，可以得到智慧城市空间规划更加细化的六大规划内容：技术——数字化系统，空间——智慧设施、智慧场景、未来空间形态，社会——城市智慧发展战略、数字经济体系（图7-2）。

1. 数字化系统

数字化系统设计是信息化类智慧城市规划的核心内容。将这部分内容纳入智慧城市空间规划意味着信息化规划与空间规划的同步、统筹和一体化的编制。重点参考工信类智慧城市顶层设计标准，通过顶层设计搭建多智能体协作框架（multi-agent collaboration framework，MACF），实现特定空间范围内包含数字城市与物理城市在内的各类多元异构智能体的交互与协调，并促进其适应动态演进（规—建—治）的物理环境的同步演化。

系统设计需要进行信息化现状分析，从城市发展与居民需求出发，基于本地区信息化建设的特点和现状，对包括信息化基础设施、数字治理等领域建设以及工作机制方面进行调查分析及合理评价。通过基底与目标之间的差距，推导出对交通、基础设施、生态环境、能源、产业发展、园区管理、居民服务等各领域的智慧提升及信息化系统建设的需求。基于智慧城市最新技术趋势，通过宏观策略与可实施路径相结合，提出针对城市个性化的技术体系设计思路和原则。结合系统工程迭代演进式发展特征，将所有建设内容按信息技术体系进行分层归类，建立引领未来的智慧城市发展总体架构。

设计包含感知、数据计算、中台应用等多层次的技术体系，搭建城市数字孪生操作系统。基于技术体系推进技术融合、业务融合、数据融合，形成跨地域、跨层级、跨业务的多维度协同发展格局。设计数据组成与分类，对来自不同应用领域、不同形态的数据进行整理、分类和分层，形成数据资源框架。设计数据共享交换管理体系，对数据采集、预处理、存储、管理、共享交换、分析挖掘等阶段进程提出框架性方案。基于政府与居民的信息化需求，对智能业务体系进行设计，包括规划设计、城市治理、公共服务、产业发展等内容，以促进城市高质量发展为导向，构建高效、灵活、持续演进的业务体系。整个城市级的数字化系统的设计需要考虑技术成熟度模型（the hype cycle）（图 7-3），前瞻性地研判新技术的变革，打造开放接口，促进数字系统未来的动态演进。

相比于传统信息化规划的 IT 视角，智慧城市空间规划中的数字化系统更注重空间导向和落地性，强调与空间规划体系和城市建设的结合。通过将智慧城市数字化系统与 CIM 平台以及国土空间规划"一张图"进行衔接，打造城市时空操作系统。

值得注意的是，城市规划师应当成为 ICT 产品与城市公共政策之间的桥梁，促进二者的有机结合，以将技术产品合理地应用于城市公共服务，提升城市居民的生活质量。笔者团队负责编制的海淀城市大脑顶层设计，提出了"需求牵引，业务驱动"的核心逻辑。顶层设计并未将技术创新置于总体架构设计的核心，而是将公共政策导向下的业务需求与应用场景置于更为重要的位置。这一逻辑确保技术产品的研发和应用能够真正服务于城市发展和居民生活的实际需求。

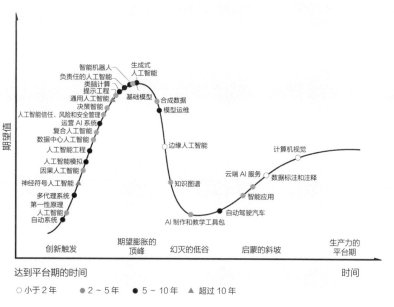

图 7-3 人工智能技术成熟度模型（2023 年）

通过数字孪生时空信息系统可以实现城市规划、建设、运营、管理的全生命周期一体化综合监管，展示数字化系统在智慧城市规划与建设中的巨大潜力与实际应用效果。数字化系统的构建还遵循信息系统的迭代演进特性，构建以人民为中心的分布式智能与多平台协同技术体系，持续为城市规划与建设提供新动能。

在具体规划中还应结合本地相关城市规划的特点，体现城市规划与设计的本地化策略。笔者团队在重庆广阳岛智创生态城城市设计项目中对广阳岛生态孪生"智慧中枢"进行了数字系统的设计，在传统智能中枢对城市管理运作赋能的基础上强化了生态管理能力，提出了生态数字孪生模型（E-CIM）的概念，体现了整个规划对生态文明的重视与诠释。利用生态城市数字孪生平台在数字空间构筑广阳岛生态城的镜像城市，率先依托数字孪生技术对生态及城市建立全面实时的联系，进而对广阳岛区域发展的变化进行记录、分析和预测（图 7-4）。

生态数字孪生 E-CIM	生态	气候气象	空气质量	植被植物
		土壤状况	山体状态	地表水质水位
		地下水质水位	生物多样性	自然灾害
	城市	建筑信息模型	空中交通	地面交通
		安防设施	治理设施	实时人群分布
		市政设施	地下管网	地下空间

图 7-4　广阳岛生态城市数字孪生平台模块设计

2. 智慧设施

在智慧城市体系中，信息基础设施以硬件为主，智慧应用以软件为主。二者相比，硬件本身占据的可度量的空间属于康德所认为的物体能被感知的"纯粹直观"。因为其较强的空间属性，所以应当重点与空间管控和建设结合。

智慧城市规划中的基础设施是驱动城市数字化发展的关键支柱，包括城市基础设施、数据基础设施以及新的空间基础设施。城市基础设施涵盖了能源、给水排水、通信、建筑、道路以及公共空间等系统，是支撑城市正常运转的重要组成部分。结合其他专项规划将基础设施进行智能化改造，以实现从实时监控、精确模拟到远程控制的闭环，共同实现城市基础设施体系的智能化。数据基础设施是智慧城市的核心，它整合了城市各处的数据，融合挖掘其深层价值。数据基础设施主要包括感知神经网络、云计算平台、数据治理平台、时空数字底图等，实现了端到端的整合和优化。新的空间基础设施结合了传统市政规划中的通信设施布局和感知设备，为智慧城市的发展提供了坚实基础。

智慧设施布局规划需要提出建设智慧城市设施的相关计划安排，包括前端的感知终端、中端的链接网络和后端的运行管理数据中心的建设要求，以及相关数字化要素与设施在空间上的规划布局与用地规模。规划需对接用地方案和规划指标，明确重大智慧基础设施布局，设计的土地出让条件应能够体现智慧城市建设要求的补充性内容（传感器类型和密度、感知网建设要求、感知数据汇聚等）。对重点智慧设施如通信、智慧安防、智慧公共服务设施等进行空间落位布局。衔接各专项规划，明确智慧城市专项为其他规划提供的支撑内容。

智慧基础设施涵盖多个层面，如关键的核心信息基础设施，包括智能运营中心、不同级别的数据中心以及 5G 基站等。这些设施在空间布局和建设上需要满足与各类市政规划，特别是通信设施规划的衔接需求。在布局原则方面，除了考虑用地性质和空间结构，重点应为数字化领域应用提供支持和赋能。

规划中特别需要对数据中台进行布局，集中部署在超算中心，包括数据的储存、汇聚、治理、计算等服务，以支撑智能应用的各类平台。为满足未来移动数据流量传输需求，应面向 5G 超密度网络组网建设方式，提前储备基带处理单元（BBU）集中化部署所需的机房基础资源。增强核心汇聚机房的分区汇聚能力，稳定汇聚层网络架构。网络及汇聚机房的规划建设可分为核心汇聚机房、综合业务接入机房等（图 7-5）。

对感知类设施网络层进行详细的空间布局规划，具体涉及在城市各类空间中采集环境状态与人类活动的传感器，以及接入海量传感设施并将数据进行传输的网络设施。感知网络层与数据中台层共同组成的城市智能化底座构成了智慧城市的"神经与大脑"（图 7-6）。

在规划范围内根据城市空间功能、城市各类活动、城市管理需求等因素对物联感知监测提出统一建设及布局要求。对 RFID 码、二维标签码、智能卡、流量传感器、视频监控、

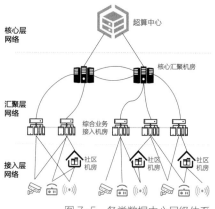

图 7-5　各类数据中心层级体系

图 7-6　感知网络建设体系

路侧智能设备、数采仪等智能终端进行统筹规划，实现全量实时数据的采集，进而支持以数据驱动为核心的城市运行精准分析，优化持续发展决策。在实际建设中应依据具体业务及服务要求形成传感设施内容建设清单（表 7-1）。各个感知监测终端根据统一的网络传输协议标准，通过物联专网接入物联网专用平台，数据内容和格式要满足应用系统对数据的需求，所有公共区域的物联感知监测数据要进行统一存储。

以笔者团队编制的三亚崖州湾科技城智慧城市专项规划为例，规划从科技城智慧城市建设涉及的多个领域，梳理出了六大类十余小类，共一百余种各类传感设施的内容建设清单。对其功能进行了详细梳理，对建设要求、建设数量（密度）以及数据界面进行了规划。规划保障各类感知设备合理融入不同类型、不同层次的空间建设中，并根据物质空间建设合理布局数字化场域。

传感设施内容建设清单（以生态环境和城市交通两类为例）　表 7-1

类型		传感器分类
生态环境	环境监测	空气质量传感器（SO_2、O_3、CO、氮氧化物、PM_{10}、$PM_{2.5}$ 等）； 水体水质数据传感器（水文、pH 值、溶氧、电导、浊度、COD、氨氮、总氮、总磷、重金属、毒性等）； 土壤数据传感器（土壤温湿度、肥力、pH 值）； 天气数据传感器（大气压力、气温、湿度、风速、风向、雨量等）
	基础设施	枪机／球机／视频杆体、电子围栏、Wi-Fi 探针、入园身份识别闸机、车辆识别闸口、智能照明监测
	服务设施	智能垃圾桶、互联网公厕、太阳能座椅、其他互动装置感知
	植物养护	植物状态监测、RFID 电子标识、滴灌／喷灌远程控制

类型		传感器分类
城市交通	设施状态	压力传感器、位移传感器、振动传感器、信号灯传感器、道路标识状态监控
	交通管控	交通卡口枪机／球机、超声波传感器／地磁传感器／红外传感器、路侧单元（包括天线、定位系统、处理器、车辆基础设施接口、雷达／摄像头等路侧感知设备）、智能信号灯
	停车场	路侧违停抓拍摄像机、场站内监控枪机／球机／视频杆体、出入口智能闸机（包括摄像头、升落杆）、车位引导指示牌、电子化付费装置、智能停车机器人、停车位地磁感应、火灾监测器、充电桩状态监测
	重点车辆	渣土车、特种车、物流车、环卫车辆监测、无人驾驶车辆监测、GPS定位
	慢行交通	智能人行道、行人交互感应设备、单车停放点（地磁感应）

笔者团队在十堰汉江生态城总体规划中的智慧城市规划部分，提出构建汉江生态城统一的物联网感知平台，使其具备百万级物联网感知设备接入能力，安防、交通、洪涝灾害等重点领域传感器具备毫秒级数据响应和反馈能力，确保生态城安全高效运行。

规划还需要对各类数字化应用涉及的空间设施进行设计。这部分设施更加贴近中微观的智慧场景。以科技园区为例，智慧城市规划对园区不同区域进行功能划分，并为智慧园区的设施配置建设提供指导。针对智慧园区包括独立办公区、创新服务区和生态绿色区在内的各类区域的智能设施、风貌要求、创新功能等方面进行建设引导，确保智慧园区的建设符合服务企业及用户的需求（图7-7）。

各类智慧设施还可以与城市中的各类城市家具、公共艺术以及景观小品等有机地融合，共同提升智慧空间的视觉形象、科技体验和感知交互性（图7-8）。在笔者参与的南京鼓楼高新区形象提升项目中，将智能设施与公共艺术、景观照明和园区导览相互融合。许多景观设施也进行了智能化升级，例如雕塑可根据对人流和车流的感应呈现色彩和形态的变化。美学与科技的元素在整体上融合成了一个系统。

建设要求 　　　　智慧设施

独立办公区
- 对无人驾驶基础设施进行规范化建设
- 对园中园出入口景观及交通过渡带进行统一规范

智慧设施：智慧导览牌、智慧照明、智慧公交站、智慧停车场、智慧跑道、智慧垃圾桶、智慧公厕、无人环卫车、无人零售店、人脸识别

创新服务区
- 对互动设施建设进行统一规范，向园区管理提供接口
- 对园区公共区域服务设施进行明确要求

智慧设施：出入口景观、健身比赛、广场节点、无人售卖车、社群文化、创意灯光、语音互动、智慧跑道

生态绿色区
- 提供公共娱乐休闲设施，并共享设施状态信息
- 对空气质量等环境信息进行实时监测

智慧设施：音乐步道、音乐喷泉、滨湖景观、感知设施、智慧照明、动物观赏、智慧广播、趣味问答

图 7-7　科技园区智慧设施布局

图 7-8　智慧设施与公共艺术、景观照明共同形成园区设施体系

此外，从宏观视角来看，智慧城市空间规划也要考虑区域协同。数字技术所引发的智慧城市在不同空间层级上的数字化呈现出相互嵌套、交织的体系，可视为时间地理学创始人哈格斯特朗所提出的"地方秩序嵌套"（pockets of local order）概念（Hägerstrand，1970）在数字时代的延伸。在智慧城市空间规划中，应特别强调层级布局的优化与区域协调。在区域层面的规划中，需要考虑云计算中心在整个区域内的协同作用。例如，"东数西算"等全国

范围的大尺度规划，致力于促进协同发展，避免重复建设，优化区域间的数字化协作能力。这种区域级的协同对于智慧城市协调发展意义重大。在都市圈内部，重点应当放在城市大脑、智能运行中心、超算中心、互联网数据中心等各类核心智慧基础设施的分层协同布局上。这种布局旨在构建城市群和都市圈内的智慧城市生态圈，通过超级计算任务的协同运算支持，以及数据的互联共享，实现城市大脑—片区分脑—社区微脑的层级分布模式。这一模式的联动将有效推进各层级的城市治理与公共服务的优化。

3. 智慧场景

场景是智慧城市真正触达人的需求、提升人的获得感的实现手段。关于场景的具体概念将在第 8 章进行更为详细的论述，这里将其理解为智慧城市技术在中微观尺度下的空间呈现。智慧城市空间规划中的场景是在空间上的具象化表达与呈现。智慧场景的规划内容涵盖了场景体系规划和中微观尺度的场景设计，而场景体系规划着重用地与空间模式的创新、交通模式的优化、生态与生境的融合，以及基础设施的智能化布局。

谷歌 Sidewalk Toronto 项目以及丰田的编织城市项目涉及了大量中微观和人视角的场景设计。这些设计通过融合建筑、景观和交通等元素，来创造全新的空间感知和体验。项目涵盖了自动驾驶、智能办公空间、智能建筑，以及机器人、机械臂、增强现实 / 虚拟现实技术和无人机运输等方面。设计方案提出的场景体系不仅在创新城市空间方面具有重要意义，而且这些场景能够承载科技公司自身的数字产品体系（图 7-9）。

场景设计对于未来社区尤为重要。《浙江省未来社区建设试点工作方案》中提出未来社区建设的"139"总体框架："1"为 1 个中心——以人民美好生活向往为中心；"3"为人本化、生态化、数字化三维价值；"9"为未来邻里、未来教育、未来健康、未来创业、未来建筑、未来交通、未来低碳、未来服务和未来治理。未来社区即为 9 大创新场景的集成系统。在浙江省各地

图 7-9　Sidewalk Toronto 展现技术驱动的创新场景

的未来社区规划设计中，普遍都对 9 大未来场景进行了空间化的设计呈现，用于指引数字化系统与空间的融合建设。通过场景的落地，为居民提供宜居、宜业、宜学、宜行的智慧社区环境。

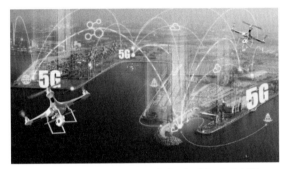

图 7-10　崖州湾科技城 5G 示范港口智慧场景示意图

在崖州湾科技城智慧城市专项规划中，着重规划并设计了多种新兴技术的空间场景，旨在打造科技城全方位的科技感知体验，塑造出科技城智慧空间的特征和形

图 7-11　崖州湾科技城南繁育热带种业基地智慧场景示意图

态。这些场景以科技城布局的新基建为基础，结合科技示范项目的落地，通过引导布局和推广智慧便民服务与应用来营造更具科技感和便利性的城市环境（图 7-10、图 7-11）。

智慧城市空间规划还可对智慧场景形成体系性构建，并在空间布局上进行引导，形成智慧场景的空间体系（图 7-12）。以笔者团队参与编制的十堰汉江生态城总体规划的智慧城市部分为例，规划提出因地制宜发展多个智慧节点，覆盖包含智慧能源、智慧交通、智慧生态、智慧服务、数字经济、智慧水务、安全应急七大应用体系的重点项目，为居民提供更便捷的生活体验，打造高效便捷且生态友好的未来城市。中微观尺度的场景设计通过新老空间的叠加，实现了新技术与未来场景的复合构建，可推动城市功能、风貌和品质的全面更新，并提升城市的智能化水平。七大领域智慧应用体系，打造出全域新技术、新场景的样板间和创新雨林。智慧应用体系以"双核一轴一带多节点"布局，形成了全覆盖、可感知的智慧城市空间体系。

应当注意智慧场景与智慧基础设施规划的融合。以崖州湾科技城智慧城市专项规划的综合杆规划内容为例，专项规划对不同类型的街道均进行了综合杆

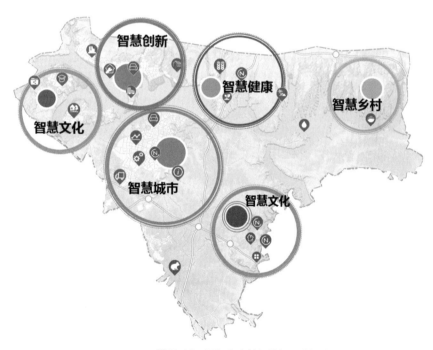

图 7-12　汉江生态城智慧场景空间体系布局（概念示意）

的建设，以多杆合一为基础，结合道路功能和人的街道活动，进行了灵活布局。这种做法实现了"场景—设施"的互动，也实现了活动场景向设施布局的一种空间"转译"。崖州湾科技城的综合杆将覆盖主干路、次干路和重点区域，与智能公交和无人驾驶路段相结合。科技城的综合杆主要覆盖主干路和次干路；深海区域和核心区域则全面覆盖主干路、次干路和智能驾驶路段，并对十字路口灯杆进行多杆合一建设。综合杆布局以智慧路灯为核心，规划设计考虑点位控制、整体布局、功能齐全、景观协调等原则。挂载模块包括智慧照明、安防摄像头、5G 微基站、交通信息发布屏、交通标志与信号灯、公共Wi-Fi、广播等，在布局上根据路段应用场景灵活设置。

4. 未来空间形态

信息技术在物体、建筑和城市中造成了建成环境根本上的改变（库利等，2020）。城市规划是对未来的决策预判。考虑到土建设施建成后可能持续使用数十年甚至上百年，作前瞻性的考量就变得尤为重要。规划需预测新技术在未来近、中、远期的涌现，并了解其对空间布局的影响。例如，可以预见十年后自动驾驶技术必然得到推广，而二十年后市内低空飞行可能会取得重大突破。因此，在制定空间规划方案时，对未来的智慧场景要进行空间预判，提出面向未来科技演进的具有弹性的、动态的空间策略。在中微观尺度，把电子传感器、控制体系统和制动装置嵌入物理环境，可动的建筑与景观开始出现。城市空间应以技术创新、设施先行、场景预留的方式进行分时段、分空间建设。同时，应当在传统城市规划中，拓展对基于数字层—物理层融合的混合现实城市领域的空间营造。通过新基建、新城建与城市建设的结合，为人机交互、虚实环境交互、线上线下交互提供空间支持，培育城市创新氛围，通过数字化交互提升活力。

新兴技术对城市空间形态产生了深远影响，其中交通领域"以流定形"尤为显著（李玮峰和杨东援，2020）。特别是自动驾驶技术的引入，正在重塑城市空间的布局与功能。交通模式的智能化使得出行更为高效，同时也重新定义了交通网络，因此有必要重新构思道路空间设计。随着无人机技术的快速发展，空中交通也逐渐成为城市交通体系的一部分，为特定区域的交通问题提供了新的解决方案。

自动驾驶技术的发展对城市空间提出了挑战，对路网结构、功能区划分和空间形态有着重要影响。因此，迫切需要对现有规划的局限性做出积极响应，优化城市空间布局。这包括在无人驾驶测试示范区（通常位于新城和园区）内部进行自动驾驶交通规划，并逐步考虑在中心城市适应无人驾驶上路，同时在过渡期内考虑有人驾驶与无人驾驶相结合的交通规划。这一过程需要同时推进，兼顾空间布局和交通管控。对未来空间形态的设计，需要智慧城市规划不再仅仅作为城市规划的辅助，而是直接参与空间方案设计。

清华大学龙瀛团队在黑河未来城市专题中，考虑到黑河市的整体规划和战略定位，基于对新技术未来发展的展望，进行了针对市区空间变化的动态规划部署。专题规划了黑河未来城市近、中、远期空间模式的阶段性演进：近期——现有空间基础上附加科技设备；中期——部分区域因全面的科技融入发生空间形态改变；远期——科技影响覆盖城市全域，空间形态发生质变。针对寒冷气候的特点，规划设计了适用于寒地环境的自动驾驶系统。方案中包括在人行道路面增设低速自动驾驶车道，两侧设置硬质公共空间形成"科技漫步道"。此外，借助自动驾驶技术，采用了未来城市公共空间与绿化景观结合的模式，形成"大街区、密路网"的空间结构（李文竹等，2023）（图7-13）。

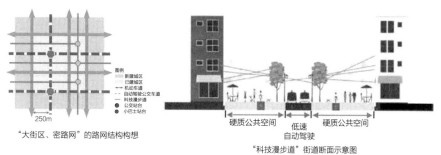

图7-13 黑河未来城市交通场景空间布局与设计概念图

在中微观尺度上，崖州湾科技城智慧城市专项规划考虑了智慧交通设施对道路断面和街道家具的影响，项目构建了高效便捷、安全开放、互动有趣的新型智慧化街道。规划利用智能化的街道家具为市民提供多种智能化服务，例如，智能路灯、标识牌、充电座椅、垃圾箱、互联网公厕、智能饮水机、共享单车停车区域等。同时还考虑了智能信号灯、慢行过街系统等智能化设施的布局，以打造综合完善的智慧街道示范区（图 7-14、图 7-15）。

针对城市低空物流与未来可能普及的载人飞行器，城市空间需要做出适应性的响应。飞行器将对城市空间改造提出要求，包括增加飞行器着陆平台等类机场的基础设施，以及无人机和载人飞行器的充电装置等。悬臂式无人机港

选址一：智慧品质慢行街区
3号路A段，全长2239.5m，城市主干道，两侧
用地以公园绿地、文化设施、商业混合二类居
住用地为主

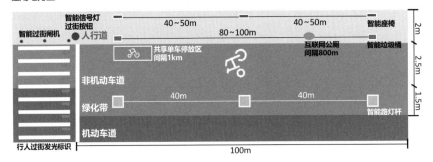

选址二：宜行宜停都市街区
5号路，全长1476m，城市主干道，两侧
用地以商业用地、居住用地、科教研发
用地为主

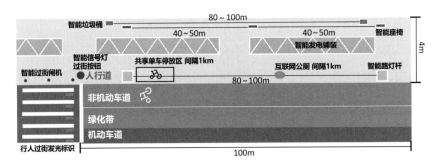

图 7-14　智慧街道概念图示

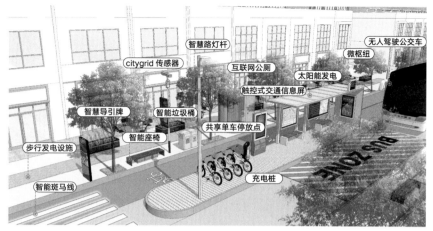

图 7-15　智慧街道与智慧交通微枢纽示意图

口等将对建筑形态和风格产生影响。无人机运货的低空物流体系对悬停空间和低空飞行通道的需求，将会对交通规划和管理提出新要求。无人机应用的普及将提升应急救援能力，也将对公安、消防等设施布局产生影响。

早在 2018 年，空中客车与新加坡合作，在新加坡港口和市区进行了低空物流规划 SKYWAYS。规划明确了低空物流的航路要求，使用无人机、地面控制系统、空中导航系统、操作程序和用于维护的"系统体系"，为新加坡国立大学校园学生和教职员工提供高效的小包裹速递服务（图 7-16）。

智慧城市空间规划还需要考虑和城市设计的结合。数字化技术的应用如果只局限于城市管理和城市效能提升，忽视环境品质美学的构建，将会强化现代城市环境了无生趣的状态并加速理查德·桑内特（2016）认为的"感官剥夺"（sensory deprivation）的进程。科技驱动着未来城市景观风貌的演进。城市设计从感知的角度出发必须考虑人们在数字化环境中的视角和体验。在这种背景下，智慧场景设计的拓展以及与城市设计、景观风貌等规划内容的结合变得至关重要。这些拓展包括对新基建和新技术驱动的设施与空间形态的风貌管控：色彩、形态、材质的和谐等，以及与建成环境的统一等。同时也需要对数字化环境中人的观感和行为与物理环境的结合进行整体化城市设计。这种结合

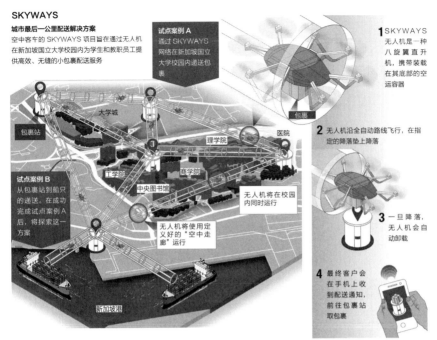

SKYWAYS

城市最后一公里配送解决方案
空中客车的 SKYWAYS 项目旨在通过无人机在新加坡国立大学校园内为学生和教职员工提供高效、无缝的小包裹配送服务

试点案例 A
通过 SKYWAYS 网络在新加坡国立大学校园内递送包裹

大学城

包裹站

试点案例 B
从包裹站到船只的递送。在成功完成试点案例 A 后，将探索这一方案

工学院

中央图书馆

理学院

商学院

医院

无人机将在校园内同时运行

无人机将使用定义好的"空中走廊"运行

新加坡港

包裹

1 SKYWAYS 无人机是一种八旋翼直升机，携带装载在其底部的空运容器

2 无人机沿全自动路线飞行，在指定的降落垫上降落

3 一旦降落，无人机会自动卸载

4 最终客户会在手机上收到配送通知，前往包裹站取包裹

图 7-16　空客在新加坡的低空物流运输规划

将彰显城市新的风貌特色，让实体环境中的智慧感知得以体现。正如前章所述，传感器和物联网等设施拓宽了人们对空间理解的感官范畴。特别是我国的城市设计应当兼顾中国传统文化，承载人们对山水诗画的想象力（陶涛和刘泉，2023）。智慧城市正是通过物理—数字环境的互动提供技术支持，从而延伸人体的"五感"，拓展人们对城市的感知和想象。这种互动甚至能够将一些以往抽象无法表达的内容具象化，能在数字时代呈现中国山水城市的风貌，从而真正提升城市的品质。

5. 智慧城市发展战略

城市发展战略在实现目标和导向方面具有重要的价值，这一点同样适用于智慧城市的建构。智慧城市空间规划同样需要进行战略谋划和政策引导，明晰智慧城市相关规划与政策趋势，分析国家、省、市相关智慧城市发展的政策安排。通过政策梳理，明确智慧城市发展的宏观导向，提炼总结城市与片区建设智慧城市所面临的要求。结合城市各类规划的发展定位、产业体系，对其进行智慧城市角度的解读，衔接控规及其他专项规划，明确城市与片区的智慧发展战略及信息化建设的整体目标（表 7-2）。

智慧城市发展指标体系框架　　　　表 7-2

一级指标	信息基础设施	政务管理	数字经济	公共服务	城市治理	信息安全
二级指标	移动宽带普及率	电子政务信息系统共享率	企业信息化普及率指数	社区公共信息服务覆盖率	大型公建、学校、政府机关应用 BIM 技术开发、建设和运维	门户网站安全性指数
	5G 信号覆盖	政务事项网上办事率		社区公共服务事项一站式受理、全区域通办	公交／急救车辆优先通行系统	数字证书使用率指数
	全网改造率 VPN-6	全程在线办理的服务事项比例	运用信息化手段实现节能减排的企业比例	数字校园建设覆盖率	社会视频监控资源向公安整合率	
	窄带物联网接入覆盖率	政务数据开放率	高端制造业重点项目	医疗服务信息共享率	大数据在城市精细化治理和应急管理中的贡献指数	
	城市（企业）家庭带宽接入能力	政务数据共享率	数字化建设引入社会资本投入	医保参保人员智慧化便捷应用	大型公建、学校、政府机关主要能耗数据统计率（用电、自来水、污水排放、燃气等数据要求实时上传到智慧运营中心）	
	热点区域高速 5G 网络覆盖率	全程在线办理的服务事项比例	企业开办时间	公共交通来车信息实时预报率	居住社区主要能耗数据统计率（用电、水、燃气、污水排放等数据逐日上传到智慧运营中心）	
	光纤宽带用户占比	业务系统上云率	规模以上重点企业数字化研发工具普及率	市民一卡通覆盖率	大型公建、学校、政府机关等场所的消防信息实时在线	
		掌上办事	工程项目建设审批时间	公共交通信息系统 MaaS 覆盖率	政府投资的非涉密视频监控资源在部间共享	
			智能驾驶应用路段里程	社区卫生服务覆盖率	重点领域环境监控服务体系覆盖率 公共视频资源覆盖率指数	
				路灯、垃圾箱等社会服务基础设施统一编码		

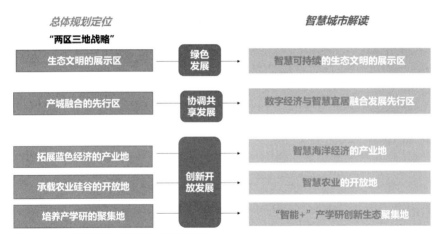

图 7-17　崖州湾科技城智慧城市建设策略

在这个过程中，需要对城市和片区发展战略进行数字化"转译"，并结合本地信息化基础提炼出城市和片区的智慧化发展策略，从而形成具体政策工具箱，作为智慧城市发展的实现路径。以崖州湾科技城智慧城市专项规划为例，对应总体规划提出的"两区三地"战略，智慧城市专项以支撑总规定位、结合实际情况为出发点，提出战略层面对建设智慧城市定位的解读，并基于科技城现状发展特征，提出智慧城市构建的具体策略（图 7-17）。

海淀城市大脑顶层设计则将海淀区的"两新两高"宏观战略进行了智慧城市角度的战略转译。近年来，北京市加速推进国际一流和谐宜居之都和"四个中心"的战略，提出科技创新中心及超大城市现代化治理体系建设路径和"精治、共治、法治"的新要求。海淀区主动担当，加强组织设计，制定实施"两新两高"战略，充分挖掘和发挥全国科技创新中心核心区的资源禀赋优势，推进人工智能赋能智慧城市建设。通过数据资源全面汇聚共享，提升城市治理能力和城市精细管理水平，推动高质量发展并打造高品质城市。海淀城市大脑的"全感知、全互联、全分析、全响应、全应用"，可将"两新两高"战略部署进行数字化落位，在数字化治理体系方面实现大尺度谋划、大范围统筹、大力度创新和大场景应用。顶层设计突出"需求牵引，业务驱动"，实现城市"类生命体"的动态演进与可持续发展；突出"创新合伙人"理念，培育自主可控、智能融合、创新协同的技术生态。

城市智慧大脑顶层设计的战略构建，不仅仅是技术层面上的整合，同时也是一种社会治理的方法。通过城市智慧大脑来激发群体智慧，实现社会的共建共治，构建全民缔造的新型城市治理模式。它的最终目的就是通过信息化和智能化手段，为整个社会建立规则，包括明确城市治理的主体和城市治理、城市动态演进的一系列规则与协议。在规则的指导下，进一步实现城市智能体系的现代化动态演进，同时引导"城市大脑"动态生长，以积极应对未来的无限可能（图 7-18）。

对于欠发达地区的县域，同样应当以智慧城市的视角有选择性地选取数字技术承载地区的发展战略。智慧阜平总体规划进行了针对阜平县的最重要的扶贫战略，尝试了一种对欠发达地区的智慧扶贫规划的模式创新。规划从产业、居民和政府几个层面设计了多个应用，通过建设智慧城市实现城市的精细化、智能化管理与可持续发展，提高政府工作效率，改善城乡人居环境。规划利用智慧化的信息技术手段，进一步带动阜平农业、旅游业发展，以及实现传统产业的转型升级。阜平县借助一系列智慧应用，致力于打造全国智慧扶贫发展的典型。在今后，智慧城市建设将从发达的城市扩展到贫穷的乡村，智慧扶贫将成为扶贫工作的新突破点（图 7-19）。

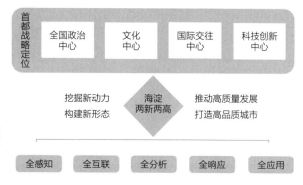

图 7-18 海淀城市大脑顶层设计对海淀区"两新两高"战略的智慧化"转译"

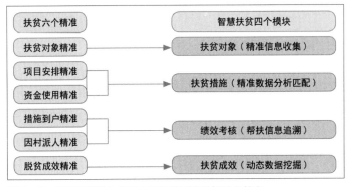

图 7-19 智慧阜平总体规划中对扶贫战略的智慧化落实

数字化战略在城市发展层面涵盖了城市治理、社会规划等多个方面，需要建立一个综合的指标体系，以确保数字化战略能够在不同层级之间有序传导。数字化战略在城市层面需贯穿于城市整体规划之中，涵盖城市定位、产业布局、基础设施建设等内容；在街区、园区和社区层面，也需依据实际情况精细规划，落地创新场景，保证各个层级的发展与城市整体战略相互契合。

数字化战略的制定需要政府、企业和社会各方紧密合作，共同推动战略的有序落地。此外，需要建立相应的保障机制，包括资源投入、技术支持、政策引导，等等。政府需要提供相应的政策支持，引导企业加大在数字化领域的投入，同时还需要为数字化人才的培养和引进提供支持。

数字化战略规划还应有针对性地对各地普遍展开的数字化转型进行响应。笔者提出构建"21N4"数字化转型战略框架，连接城市数字化转型顶层设计和底层逻辑，助推城市数字化转型的全面展开。"21N4"战略框架：2——抓住全球数字化趋势和数字中国国家战略的宏观背景。1——构建一套评价指标体系，通过大数据分析和算法赋能，考量战略基础、转型效能、成熟度、用户体系、数字交互、场景落地等方面。这个体系是通过政策研究、调研访谈、理论梳理和案例借鉴等方式建立起来的。N——涵盖 N 个空间单元，包括产业园区、商务楼宇、居住社区、公共空间等，旨在将数字化转型体系落实到空间单元，

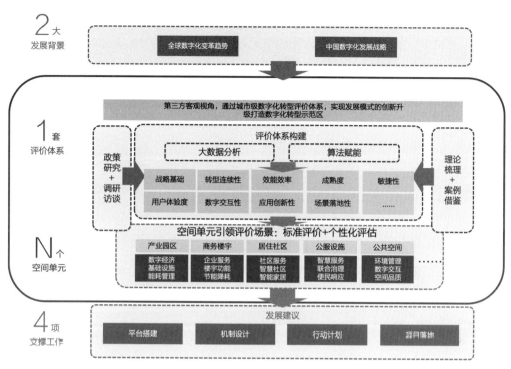

图 7-20　数字化转型"21N4"框架

对其进行评价并引导其建设。规划后续将逐步把数字化转型战略落实到园区、街道和社区等具体项目中，形成城市的数字化转型示范。4——提出 4 项具体工作，以全面支持数字化转型，包括数字化转型信息平台搭建、机制设计、行动计划制定以及项目库和项目落地引导等（图 7-20）。

6. 数字经济体系

数字经济改变了传统资源配置方式，为城市产业发展提供了新路径（王常军，2021）。作为社会经济发展的新引擎，数字经济在智慧城市规划中需要与产业规划结合，并对数字经济集聚区的发展给予特别的关注。通过引导数字经济体系构建，以数字化升级培育新城发展新动能。在实践中，数字经济规划应与城市产业体系布局深度融合，依托数字化创新赋能数字经济发展，并聚焦于构建智慧、高效、绿色的未来智慧产业体系。首先，要加速数字技术创新步伐，催生数据驱动的新兴产业。通过积极引导与扶持数字化创新企业成长，促进产业集群效应的形成。同时，要建立健全数字经济规则体系与发展评估框架，打造开放前沿的新型数字社会生态，进而全面驱动城市经济的转型升级。

推动物联网、产业互联网、人工智能与各行业融合的创新发展，形成创新活跃的数字化产业体系，并对三大产业做出数字化引导：农业——以产业化思维和数字化手段发展农业，构建农业产业互联网全产业链发展；制造业——通过工业互联网新基建驱动，以信息技术改造传统产业模式，推动传统产业数字化升级，实现人工智能、大数据等新兴产业"弯道超车"；现代服务业——打造数字生活场景，通过数字化赋能，创新驱动研发设计等生产性服务业向价值链高端延伸；推动新零售、新文旅等商业模式的发展。

数字经济与产业园区应当协同构建以"城—人—数—产"为发展逻辑的数字经济体系，打造数字产业"加速器"。通过建设智慧宜居城市，吸引创新人才入住，扩充科技创新生力军，增强科技创新能力，赋能传统制造业数字化转型，提升城市能级。通过强化数字技术对新兴产业集群的数字化赋能，创造数字经济创新体系的承载空间（图 7-21）。

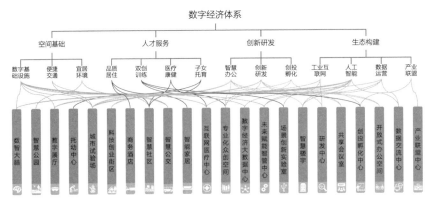

图 7-21　数字经济体系构建

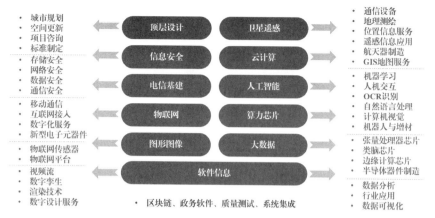

图 7-22　城市大脑产业溢出效应

城市大脑作为城市治理的核心，在城市数字经济发展中扮演着关键角色。其溢出效应与数字经济生态之间的互动，是实现城市大脑场景驱动高精尖产业发展的重要路径（图 7-22）。这种互动有助于推动城市大数据和人工智能产业的联动与集群发展。通过将城市大脑打造成为城市治理和产业发展的双重平台，从而促进城市智能经济的蓬勃发展。产业溢出效应不仅能延伸城市大脑相关产业链，更重要的是，也能补充和强化本地现有的科技产业链。

特别是在规划中，要强调数字经济产业体系与承载数字经济的创新区之间的联动。数字经济创新区是以创新空间为载体，以创新型企业为支撑，以信息技术等新兴产业为主导的创新区域，是数字经济在城市空间中的具体体现。数字经济创新区是高科技集群（technopoles）的经济形态，通过科技研发与创新孵化产业链条，数字经济创新区将成为未来的"城市之心"，是城市数字化转型最重要的承载。数字经济创新区通过数据资源驱动经济能力提升，实现片区与城市的高质量发展。规划应以数字经济为核心内容，以数字创新集聚区为空间载体，构建城市功能业态数字化提升的骨架和底座。通过汇聚数据创新资源与政府、企业、互联网以及城市物联网数据，赋能城市整体数字化转型升级。

图 7-23　数字经济创新区带动城市发展动能提升流程

数字经济创新区将构建全新的空间结构，以容纳并支持新型商业模式和业态的发展，同时为培育新的数字经济生态系统提供支持，进而推动整个城市产业经济向数字化升级的方向迈进。这一发展过程体现为五个主要阶段（图7-23）。阶段1：在数字经济创新区的规划设计中，强调数字技术融合空间设计：数字技术与建筑、景观、交通融合，通过数字场景营造构建城市新形态。阶段2：在数字经济创新区的建设中，导入新型基础设施：构建数字底板，培育城市与产业发展新动能。阶段3：传统产业智能升级：依托数字经济赋能中心，搭建产业大脑，汇聚企业生产数据，智能分析产业链资源，深度挖掘未来产业潜能。阶段4：形成数字经济产业集群：为园区企业提供产品、技术创新试验田和市场，形成共建模式与示范案例。阶段5：辐射带动城市发展新动能：强化数据资产运营，释放数据红利。打通数据壁垒，实现数据联网共享，在经济创新发展、新旧动能转换领域率先取得示范成果。

随着国家对数字经济的日益重视，数字经济在智慧城市体系中的地位不断凸显。数字经济不仅是智慧城市规划的一个重要组成部分，更有望发展为一种专项规划。尤其值得关注的是，针对数字经济发展所提出的行动计划在各地的规划和政策中逐渐成为重要议题。我国台湾地区台北市发布的《台北市后疫情时代产业数字转型政策白皮书》中提出"15项行动方案，台北市准备好了"——通过各类数字产业发展策略推导出1年内与3年内的行动方案（表7-3）。该规划体现出台北市为积极应对后疫情时代数字产业发展作了充足的准备。

愿景	策略	主轴		行动方案	计量内容	1年内	3年内
以市民为中心、迈向创新治理的智慧台北	软硬兼施	基础	数字基础设施建设	(1) 台北通	·整合卡证服务与公共服务连接	•	
				(2) 5G 建设／大数据中心	·开放台北市 5G 试验场域 ·建立大数据中心 ·政府资料开放		•
				(3) Taipei Free 热点覆盖	·提供安全的数据服务环境 ·公共区域 Taipei Free 热点覆盖		•
	韧性调控	配套	数字人才培育	(4) 企业数字应用	·培育企业数字应用人才		•
				(5) 剧场管理	·培育剧场管理人才		•
				(6) 电竞产业	·培育电竞人才		•
			产业转型辅导	(7) 在地商家转型智慧零售／智慧交通	·商家／商图数位化 ·跨境电商与线上拓销 ·推动智慧停车	•	
				(8) 深度旅游／文化新商机	·旅游产业结盟新模式 ·提升 OTT 数字应用力 ·建立台北品牌	•	
			经济发展	(9) 工人权益	·制定远距离办公法规与配套政策 ·人事管理绩效化		•
				(10) 线上娱乐	·艺术／运动赛事／大型观光活动与景点数字（AR／VR）新体验		•
				(11) 线上学习／智慧校园	·台北酷课云／虚实整合师生平台 ·智慧校园 4.0	•	
				(12) 健康产业	·运动中心社区化及打造虚拟健身房		•
			零接触服务	(13) 智慧支付／公共场所无现金支付	·公共费用 pay.Taipel 智慧支付 ·敬老卡数字习惯养成 ·公共区域无现金支付：校园、停车场、公共市场、社区 e 化	•	
				(14) 线上市政／数字基础设施	·整合线上市政服务 ·数位管理透明化 ·办公数字系统	•	
				(15) 通信医疗	·推动医疗机构通信诊疗及照顾服务		•

注：OTT，指通过互联网向用户提供各种应用服务。

数字经济的空间布局与产业规划的空间布局类似，应结合空间规划方案，对其进行组织和安排，以优化产业发展的空间效能。十堰汉江生态城数字经济的主要内容有：①结合工业互联网最新趋势，基于当地优势汽车产业，支持多维度开展智能汽车技术创新研发与成果转化。②整合信息资源，联动武当山等周边景区，推动区域智慧旅游协同发展。③发展特色康养文旅，依托特色农产品与工业新品、保健品资源，打造数字乡村，助力城乡融合振兴。康养文旅建设内容包括体验式文旅、5G+VR旅游体验、智慧旅游服务中心、智慧文旅监测平台、有机农田、数字农业、特色农产品交易中心、农田环境安全监测、区块链农产品监测平台等。汉江生态城结合现有产业分布和产业间上下游关系，并考虑新城的空间战略，规划数字经济产业空间布局，促进产业集聚与协同发展。通过整合优化的策略，实现新区经济效能与空间效能共同促进。

智慧城市空间规划总体特征

作为一种公共政策，智慧城市空间规划在数字化推动空间及其相关要素的演化过程中，通过对私权进行合理的限制和保护，实现公私权利的合理制衡。智慧城市空间规划能够充分体现空间的特点，可以通过融入国土空间规划体系，促进空间治理的数字化转型。通过对空间管控的深度介入，实现对不断数字化的空间生产与开发利用的有效管理。智慧城市空间规划的内容并非局限于物质空间，而是与城市发展战略、城市治理和城市更新有机结合，兼顾空间与非空间要素。

智慧城市空间规划在不同尺度和主导类型下会呈现出不同的特点和重点。城市级智慧城市空间规划是对整个城市的未来发展进行全局性布局，涵盖面广，涉及居住、商业、交通、环境等各个方面，重视基础设施布局，强调数字化战略导向。街区级智慧城市空间规划聚焦于单一街区的发展（如Sidewalk Toronto），侧重市政、商业、文化等多功能的综合性规划，注重交通、服务、生态等智慧场景的精细化设计。社区级智慧城市空间规划最为贴近居民，强调提升居民生活质量，满足居民的生活、教育、健康等需求，并重视公众参与（柴彦威等，2014）。政府主导型规划，注重公共利益和长远发展，侧重于基础设施建设，有较强的整体性和长远性，能够统筹规划城市的未来发展方向。开发商主导的规划设计则聚焦于居住楼盘的数字化品质提升。

智慧城市规划需要采用与传统标准化城市建设不同的模式，以展开多元化的探索。在规划的具体编制上可以进行灵活、渐进的创新。这种新型规划模式不固守单一标准或准则，而是根据各地情况采用弹性策略，因地制宜地展开设计。通过多元运作方式，以多维度视角推动智慧城市建设，促进不同发展阶段和空间尺度的城市空间管理体系和社会治理机制的动态融合。这种因地制宜的智慧城市建设模式也有助于推动城市社会体制机制的数字化转型。

7.2 规划体系与规划实施

1. 体系定位

智慧城市规划应当是国家规划体系的重要组成部分，是发展规划和国土空间规划的有机组成部分（甄峰和孔宇，2021）。智慧城市空间规划不再局限于单一的专项规划，而是具备多层次、多维度的规划属性。当前，法定规划体系中尚未明确智慧城市规划的地位。在实操中，笔者认为智慧城市空间规划可以通过两种形式介入现有规划体系。一是作为一种综合性规划以"泛规划"的形式融入现有规划的各个相关领域或环节；二是形成专门的智慧城市发展引导，也可独立构建成专项规划，以适应不同城市的特色化发展需求。应当注意，即便是聚焦于信息基础设施的智慧城市规划也不应被狭隘地限制在信息化范畴内。过度侧重信息化可能导致其演变为市政通信专项规划。

其中，创新场景是空间导向规划的关键枢纽。通过引入新兴技术，将创新
理念、新兴场景与新型空间使用模式相互交织，嵌套于空间规划、专项规划、
详细规划以及工程设计的多层次技术环节之中。智慧城市规划不仅能够对
接国土、规划、建筑、景观、市政、交通等诸多专业领域，也能贯穿智慧
城市的策划、规划、建设、运营全过程，从而实现面向未来的高品质人居
环境提升。

智慧城市规划需要因地制宜，根据不同层级和地域的特点，综合考虑信息技术、
基础设施、智慧场景、新空间形态、数字化战略、数字经济等方面的规划内容。
同时，社区层级的规划应特别注重居民参与和反馈，满足居民的多样化需求。
政府、企业和开发商在规划过程中应充分合作，发挥各自优势，共同推动智
慧城市的建设和发展。

总的来说，未来城市规划应在智慧城市的理念引领下，丰富现有空间规划框
架，拓展新的规划类型，构建一个多层次、多专业的智慧城市规划编制体系（图
7-24）。在当前国土空间规划体系不断构建完善的背景下，智慧城市空间规
划需要强调与国土空间规划的动态融合。在规划编制准备阶段，需要通过由
各级自然资源部门统一的空间基础数据，包括国土空间底数底图、国土空间

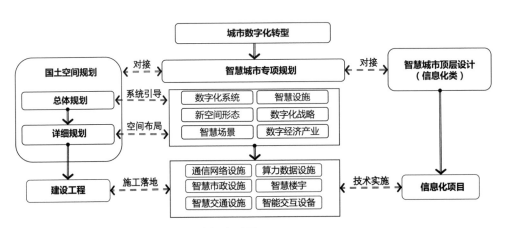

图 7-24 智慧城市专项规划融入城市规划体系概念图

规划"一张图"数据接口等，实现空间规划基础的"多规合一"（王朝宇等，2021）。规划内容要强调智慧城市涉及空间保护活动的目标与指标、智慧城市工程建设的约束性指标、空间格局、相关要素规划布局与用地规模、近期重点工程等。在全域全要素统筹的要求下，国土空间需要全面覆盖并动态管控各类特色要素，同时各领域、各要素、各类空间与设施体系都需要引入智慧化技术，以确保未来城市整体运行有序发展。以智能感知设备为代表的信息基础设施是实现全域全要素感知与管理的技术工具，也是空间规划管控的对象，考虑到信息基础设施迭代周期短的特征，需要对其进行特别的动态迭代的安排。在不断变革的规划体系中，新型基础设施与用地的动态融合成为关键的目标。

智慧城市空间规划也需要考虑对城乡规划体系中其他专项规划的支持。在防洪排涝专项规划中，智慧城市方面需协助构建生态安全支撑体系，重点部署环境态势监测系统，利用物联网技术实时监控生态环境。对于海绵城市专项规划，智慧城市方面则需强化信息化能力，聚焦于水生态修复、水环境改善及水安全的信息化监测和量化分析，实现水生态环境全链条的数字化管理。在市政管廊专项中，智慧城市则致力于建立智能监测系统，对工程风险及时做出预测和分析。在地下空间专项规划中，智慧城市通过智能化监测手段优化地下空间管理，实现民防与民用空间的集约高效运营。在立体绿化专项规划中，智慧城市应考虑采用主动式建筑能耗管理，借助信息化基础设施推动节能减排。在绿色低碳专项规划中，智慧城市应聚焦于能耗与环卫垃圾的智能监测，支撑碳足迹的全生命周期追踪。在综合交通专项规划中，智慧城市应整合交通监测与调度系统，并融入 MaaS 理念，打造便捷的一体化出行服务平台。

智慧城市空间规划作为一种新生事物，目前尚缺少相关规范标准的指引。笔者正在牵头编制的中国工程标准化协会（CECS）的团体标准《智慧社区规划标准》与《城市公共空间智慧场景设计标准》，由多个规划设计单位、高校科研机构与智慧城市厂商联合参与其中。这两个标准首创了智慧技术与空间规划、社区规划的结合模式，通过促进新技术与空间的紧密融合，来有效统筹引导信息化工程与土建工程的建设。随着实践的不断积累，未来将会有更多的标准与指南出现，这有助于进一步完善数字时代空间与场所的营造建设。

2. 与数字规划的关系

如前文所述，当前的数字规划更多地作为一种规划编制的支持工具，通过大数据分析与信息模型构建，为规划方案编制的科学化提供技术支持，属于"智慧的"城市规划。智慧城市空间规划需要将"智慧城市"的规划与"智慧的"城市规划进行融合，实现数字化内容与数字化工具的统一。

"智慧的"城市规划将通过综合分析城市的土地、人口、产业、环境、交通、设施以及与周边地区的关系等基础信息，充分利用城市大数据以及系统分析方法，模拟构建城市空间结构理想化状态，智慧化地布置与调整城市交通、城市产业、生活社区以及公共服务等承载空间，并在智慧城市规划的基础上，为城市发展战略、人口分布和产业发展方向提供合理的指导。针对各类新技术催生的空间新模式与新形态，探索全息感知、信息动态反馈闭环等智能环境构建模式，推进设计方案的智能化辅助应用。研究建成环境景观效果的智慧化提升技术，实现信息时代建成环境的数字孪生与全息感知。研发规划设计智能辅助技术，推动设计方案的科学模拟、智能决策和动态反馈。

结合城市规划的数字化转型，需要将各类智慧城市设施、智慧场景以及新型空间形态与空间组织逻辑，以信息流作为媒介进行要素整合，促进数据资源体系的对接与融合。强化前端支撑、动态监测和绩效评估，并融入空间规划"一张图"系统，为智慧城市时空动态演变提供数字底座支持。这种数字化转型并非仅限于终端操作，而是应从规划方案的初期阶段就结合起来。这种方法旨在确保在规划过程中，数字化元素能够贯穿始终，不仅便于规划过程的数字化处理，更能为规划方案的形成和实施落地提供全面而综合的数据支

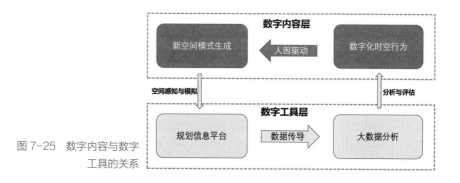

图 7-25　数字内容与数字
工具的关系

持。特别是从智慧城市数字系统的感知端开始，即数据采集端，规划和布局
应该同时展开。这些采集到的数据与获取的信息会经过流程，最终汇聚在时
空一张图上，形成整个规划信息平台的数字化综合运营。这个理念可以被概
括为"以始为终"，数字化空间内容创新与数字化工具赋能贯穿着规划的全
过程（图 7-25）。

3. 实施路径

在规划实施上，智慧城市空间规划需要结合智慧城市分阶段发展目标，对
数字平台各组成要素的建设时序进行合理安排，明确分期实施、逐步建设
的路线图。要对增量空间进行智慧技术与建筑、景观、交通、基础设施等
的融合设计，充分考虑新一代信息技术对各方面的影响。这意味着空间方
案设计与信息系统设计要同时进行，实现一体化编制空间规划和信息化规
划，并向下细化传导至详细规划。针对存量空间，需要进行场景化智慧更新，
为城市居民提供更丰富和多样化的体验。这种更新强调植入多种技术元素，
通过多维空间和技术的融合碰撞，形成具体的设计方案。利用数字技术优
化建造和运营，实现不断更新迭代的智慧城市空间（图 7-26）。

通过智慧城市空间规划，将数字化要素与空间要素的营造建设充分融合，可
面向全链条实施，形成以工程落地和全过程咨询为导向的"三双"模式：设

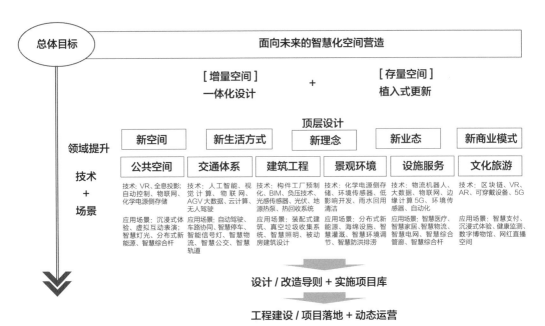

图 7-26　智慧城市空间规划的实施路径

计阶段——物理空间和数字空间双设计，建设阶段——土建工程和信息化工程双建设，运营阶段——空间资产和数据资产双运营。通过物理层与数字层的叠加，在城市开发建设中运用物联网、人工智能、5G等数字技术，构建城市与片区数字底座，打造数字产业应用场景，形成数字治理与数字经济发展协同的综合开发模式。

以信息技术为主导的智慧城市，亟须与城市空间治理形成深度融合，以实现信息技术在城市各片区应用的优化和全市域数字化转型升级一盘棋的统筹。在当前，街道和社区等基层单元，已成为智慧城市发力的主战场。应在中心城区、城市新区、郊区新城三大类片区推动智慧城市建设齐头并进。以片区为尺度，以新城新区建设为抓手，构建数字化治理单元，可以有效推动智慧城市建设向街道、社区等基层的下沉。智慧城市空间规划的实施可与综合片区开发密切结合。以智慧城市规划为指引，在片区综合开发中积极推动数字化新技术与城市场景的融合，打造以空间场景为核心的数字化应用体系，实现智慧城市技术真正触达人民群众生产生活需求的愿景。通过在城市片区范围内建设片区级运管中心（城市大脑的片区分脑），来统筹片区内部的智慧城市建设，避免出现智慧城市建设中的"条块分割"和"数据孤岛"等问题。在城市片区的维度上推动智慧科技与城市治理的融合，构建起横向到边、纵向到底的精细化管理网络，实现对城市治理的全领域覆盖。再通过三级运管中心（市—片区—社区）的联动，实现全市数字化治理体系的完善构建。以自上而下和自下而上相结合的模式，真正实现数字化发展战略与城市建设的深度融合，以数字化手段赋能城市的高质量发展。

第 8 章

智慧城市场景营造

Chapter 8
Smart City Scene Making

在智慧城市领域常见"场景"一词，指的是信息化产品的适用领域、情景和示例。随着智慧城市的不断发展，空间的数字化与数字技术的空间化趋势愈发显著。传统智慧城市关注于城市管理与运营，因其IT技术路线缺乏空间基因，未能与城市营建和场所营造有效结合。普通市民很难从周围环境中直观体验到智慧城市带来的观感升级。而随着城市化进程的不断推进，城市品质的提升与存量更新工作面临着更高的要求，场所营造也亟须智慧赋能。智慧场景营造通过在中微观尺度上将ICT与场所营造相结合，创造出数字时代所特有的地方氛围。这种融合触及场所的丰富内涵，有助于人们感知数字城市的活力和特质，在当下具有重要意义。

8.1 从应用场景到智慧场景

场景（scene）一词最早来自于戏剧理论，而后广泛应用于社会科学。在 20 世纪 80 年代，新芝加哥学派通过对美国和国际城市海量的设施与活动进行统计分析与比较研究，形成了场景理论（theory of scene）。该学派代表性人物西尔和克拉克（2019）在《场景——空间品质如何塑造社会生活》一书中提出，场景是具有价值导向、文化风格、美学特征和行为符号的城市空间，涉及消费、体验、符号、价值观与生活方式等内涵。场景被视为"多维复杂体"，这种空间品质能塑造社会生活。西尔和克拉克构建了场景分析的三大维度和十五个子维度的体系（表 8-1）。场景是能够融合空间的美学特征、社会属性的行为符号以及文化属性的地域文化基因，其能够激发人们参与空间互动，还能赋予特定空间场所全新的价值和情感体验。

场景理论的分析维度及其内涵　　　　　　　　　　　　　表 8-1

价值类型	子维度
戏剧性	时尚：时尚的场景具有耀眼、闪烁、神秘但又诱人，像自身而又超越于自身的魅力特性 睦邻：热情、关怀他人的社区成员用友情去团结朋友和伙伴，这是睦邻友好的理想形式 正式（礼节）：正式的场景将被高度仪式化，通常礼仪性的服装、演讲风格和出场都有标准 爱炫：张扬的个性会使私生活高调公之于众。个人成为关注、仰慕的对象 越轨：指打破了传统的呈现方式，破坏了人们对礼仪、着装和举止的正常期许，摒弃了主流的敏感性
真实性	本土性：水果摊、小酒馆、肉店、老旧的服装店、食宿店、集会中心这些元素真实地反映着地方性 族群：作为真实性的一个典型维度，种族习俗就意味着根深蒂固、无法选择，而且不受同质化的、隔绝的、抽象的全球单一性文化的影响 国家：国家的形象与爱国教育是强有力的 企业企业：合作意识 理性主义：真实的自我存在于思想中，这是对于合理的真实性理想的认识

价值类型	子维度
合法性	传统主义：传统将我们与过去相联系，追寻我们此时此刻采取行动的历史原因 领袖魅力：通过伟人杰出的品格和成就创造出一种领袖魅力型统治的合法性 功利主义：将现在的情况工具主义化，是功利主义的核心基础 平等主义：平等主义的合法性在于对人类平等的尊重，这是平等主义的核心 自我表达：自我表达将合法性的基础置于个人人格的实践之中

资料来源：根据西尔与克拉克的著作《场景——空间品质如何塑造社会生活》内容整理

建筑学也不乏对于场景关注的传统。塞巴斯蒂安·赛利奥（2014）通过对传统欧洲城市的分析，认为拥有明确的视觉秩序以及各类城市系统的城市场景可以产生戏剧性的效果，形成高密度的活动和多样化的人群，这也是城市活力的来源。场景一词也曾在城市规划中频繁出现，不过更多指情景规划——对城市未来发展的多种可能性的研判。

近年来，借助 IT 厂商的推波助澜，场景一词在智慧城市领域得到广泛使用。智慧城市场景多指"感—传—智—用"技术体系中应用层的某项技术在特定垂直领域的适用情形。长期以来，以产品为导向的智慧城市的建设聚焦于信息化设施与服务，并与城市空间场景营造存在一定程度的脱节。从城市发展史的角度来看，空间营造模式长期以来服务于工业文明的城市建设实践，尚未及时、有效回应信息时代新技术驱动的生活方式与空间利用模式的变革。信息技术驱动的创新业态、数字时代的场所精神、人对于空间的多维感知、新技术对于时空尺度的压缩与延展、虚实交互的场所互动、虚拟世界与现实世界融合的交互等，都需要创新性的空间场景营造来进行回应。

以空间为表征的智慧城市场景营造具有特别的意义。早在 2000 年，托马斯·霍兰就在《数字场所——建设我们的比特之城》一书中，将米切尔的"重组建筑"和"重组设计"的概念扩展到了"数字场所营造"的空间尺度上。他尤其关注 ICT 对场所的影响："环境、社区和城市正在经济、文化、技术和环境复杂交织的基础上不断被重塑。""应当将技术集成到我们的日常工作中，而不是完全掌握在网络设计师的手中。对嵌入现有物理环境和社会环境的技术内容、背景和价值观的深刻理解必须指导每个设计决策。"施拉波贝斯基和帕普斯（2020）认为："成功的智慧城市首先需要从根本上保持大城市始终具有的基本特质，它们必须是可以反复记录人类生活复杂性和多样性的载体。当前城市中的智能化数字网络必不可少，也应该加以整合，但我们更应该重点关注卓越的实际城市场所营造。"

刘泉等（2023b）基于技术、空间与社会三元融合的框架，从空间演变的视角提出场景的融合性定义："在智慧城市空间系统取代现代城市空间系统的过程中，以相对微观尺度的空间载体为基础，通过技术要素与空间要素的结合，促进产生新社会活动变化的时空切片。"学者还提出了场景的三个特征：功能融合而非单一领域、小趋势与微空间、模块化环节替换。

本书所讲的场景不同于信息化产品的"应用场景"，而是更强调技术与空间的叠合，是场所营造在数字时代的拓展。在智慧城市空间规划的语境下，场景营造应当是智慧城市时代基于物质空间与活动变化倾向下传统场所营造的数字化升级，叠加了 ICT 驱动的新的生活方式、社会关系和商业模式。因此，智慧城市场景营造有三个层次的内涵：①场景营造应当重视传统物质空间的营造，城市设计与建筑学的技艺、美感、尺度等都尤为重要，决不能因强调空间数字化而偏废传统，相反，传统城市与场所营建美学在数字时代具有持续的价值；②需要动态关注数字化技术的应用，以场所创新来适配数字时代居民生活方式的变化；③数字空间应当与物质空间深度融合，创造新的感知维度和更丰富的内涵，产生一加一大于二的效果。

基于以上讨论，这里总结智慧城市场景营造的定义：以"科技 + 空间"为导向，面向当前的数字化物理环境，研判新形势下城市空间发展的趋势，突出新一代信息技术创新应用与场所营造的有机融合，打造内涵复合、智能交互的新一代智慧化场所，全面推动各类空间在数字时代的创新性营造（图 8-1、图 8-2）。智慧场景可以看作城市复杂系统在数字时代自我演化的产物之一，具有如下特征：①市场机制驱动；②自下而上涌现；③接近人本尺度，触达个体；④产品化与模块化；⑤与日常生活密切结合，感知度高。

图 8-1　智慧公共空间营造概念图

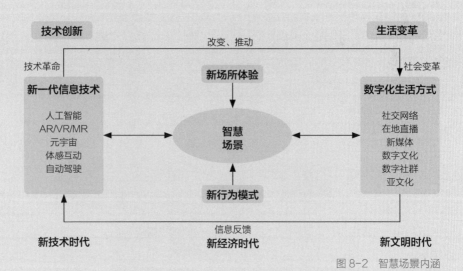

图 8-2　智慧场景内涵

从空间的角度来看，智慧城市场景需要融合新一代信息技术的内涵和人的数字化生活方式，以呈现出与时代发展相适应的空间形态。在城市发展的层面上，场景不仅仅是一种工具，更是新经济和新商业模式的催化剂。通过场景的实际落地，可以实现城市空间的更新与业态创新。场景营造将后工业化社会和知识经济的内涵与互联网思维有机结合，能更好地反映人们的生活模式变化。

独特的城市精神能帮助一个城市避免全球化所带来的趋同效应（贝淡宁和艾维纳，2012）。在信息化与全球化深度耦合的时代，技术变革下各地城市变得愈发相似。智慧城市场景营造是场所营造对于数字时代的回应，人的空间情感、距离感知和社会关系等因素在数字社会中有重新塑造的趋势。场所承载了新的城市意象，这种变化重新定义了"地方感"。将数字技术与数字文化融入场所意味着城市对数字时代生活方式的尊重，并引领着在地的人文关怀。在后工业社会，创意阶层是城市发展的重要人力资本，优秀的场景营造对于吸引和聚集创意阶层尤为重要（图8-3）。

图8-3　南京鼓楼高新区，人的全天候活动场景体系策划

8.2 社交网络对场所的变革

智慧场景营造的方法可以借鉴以胡塞尔现象学为基础的环境现象学学理。环境体验作为环境现象学的核心，强调人通过参与环境互动来构建场所精神。而在数字时代场所精神的构建过程中，社交网络是重要的驱动力量。在数字技术介入智慧城市场景营造的过程中，基于移动互联网的社交媒体和新媒体发挥着巨大的催化剂作用，可以看作跨越虚拟和现实世界的信息传导。它们通过线上线下的互动创造着新的城市意象，并且创造了城市形象传播的新方式。

ICT不仅改变了城市的建设模式和运营机制，更改变了人们对场所的体验。2016年，鹿晗在微博上随手发了一张和上海邮筒合影的照片，他在网络世界的流量便迅速地导入了现实世界。这个邮筒成为网红以及游客打卡必去之地。明星的无心之举制造了新的城市景点，也成为网络流量在现实空间中的导入点。

可视效果、新奇内容与传播性成为网络化场所营造的重要元素。在抖音开始走红之后，城市与空间和人一样，可以依托于抖音平台成为网红城市或网红打卡地，广泛吸收网络流量，并导流于线下，促进文旅产业的发展。典型的如重庆、西安等城市在抖音上成为网红。前两年，游客们在西安古城墙下永兴坊摔酒碗的小视频，引爆了这座城市的流量。游客们买一碗酒，喝完后将碗摔向碎碗堆里，讨个岁岁平安的彩头。没想到这些视频在抖音平台大火。随后西安市高新区、西咸新区、曲江等区域都涌现出了各种爆款抖音视频。甚至城市官方也通过抖音平台，进行了"西安年·最中国"的年度文化旅游宣传。很多人因为抖音短视频的缘故，专程跑到西安旅游，人流进而带来了信息流和资金流。这座向来以传统、厚重的历史文化闻名的古城，借助互联网文化生产，实现了更加新潮的城市影响传播。网红城市的形象也因此深入人心。

一种以网络视频为触媒，文化旅游和创意产业跟进的线上线下互动的模式，成为城市形象传播的新趋势。这可谓是"数字孪生城市"的一种体现：城市在现实世界中展开抢人大战，通过各种政策、机制来吸引居民安居落户，吸引游客游玩消费。在网络世界，城市则如同一个个网红主播一样，在媒体平台上展开竞争，竞相引流圈粉。以短视频为代表的新媒体，在虚拟和现实之间打通的闭环信息流，实际上重塑了虚拟和现实的形象关联。

抖音的地域性视频，表达了网友们对于有趣、充满活力、时尚以及国际化城市元素的认可。这与理查德·佛罗里达的创意阶层理论不谋而合，可以看作是新时期人们对于理想城市的理解：城市不仅需要有良好的基础设施，更要有多元、开放和富有创意的社会氛围。新媒体在虚拟世界构建出的城市新形象，契合了年轻人的精神需求，通过线上线下的互动，把城市的各种要素进行"内容生产"并向大众传播。

城市的实体空间和网络空间深度耦合，共同推动城市的演变，使城市生活更加碎片化也加深了时空压缩的程度。摩尔定律所体现的技术进步将呈指数级增长，技术对空间的介入和干预程度将会更加强烈，并在一定程度上带来日常生活和人际关系的异化。城市研究者必须透过繁复、纠缠的表象，清楚了解市民在网络时代城市中的多重感受。在与空间营建和场所营造密切关联的智慧场景营造中，不仅要考虑实体空间的提升，也要考虑网络虚拟空间的介入。建筑师与城市规划师需要深入理解网络社会中人们的精神需求、交往需求和文化需求，重构互联网格局下个人场域和公共场域的平衡关系，在实体和虚拟层面协同构筑有吸引力和创造力的交往空间，促进人类社会和空间环境的互动，满足场所塑造中不断变化的功能要求。

8.3 场景营造技术体系

1. 营造方法

智慧城市场景营造，对以物质空间为基础的场所进行数字化升级。智慧城市场景营造强调各类信息化的新兴技术与场所营造的融合。需要注意到人对物质空间有着特定的生理和心理需求。萨斯曼和霍兰德（Sussman and Hollander，2021）通过文献研究什么样的物质空间形式能完美适应人类的大脑，并将结论总结为：①边界的重要性；②形式的重要性；③形体的分量；④叙事；⑤生命和自然。人性化的城市空间要强调活力健康、效率、美观、满意和多样性。数字化技术不仅是帮助人们到达这些目标的手段，也参与环境本身的构建。数字化场景营造需要基于生产生活方式的变革，以人的空间需求为核心，响应数字时代人群活动行为与交往模式，以智能化手段，满足人与人、人与空间交互的新需求。

这里将智慧城市场景营造方法总结为六大特征：①在尺度上，强调人性化和微改造，以及人本尺度的全息感知。②在空间品质上，要体现可感知性和可识别性，提升场所的魅力。③在复合性上，强调业态和功能的混合，以及开放边界和共享。④在开放性上，要有科技的前瞻性和自适应的动态增长性。⑤在交互性上，既要强调人际交互，也要强调人机交互和虚实交互，各类交互界面的用户体验尤为重要。特别要关注新兴的可动建筑与交互景观，如基于物联网、嵌入式技术和普适计算的"感应式建筑"（sentient architecture）和基于嵌入式逻辑并对传统意义上的"自然性"提出挑战的合成景观（synthetic landscape）（图 8-4）。⑥在智能技术上，强调人工智能对设计—建造—运营全链条的赋能。

智慧场景营造可以用来引导未来空间的建设，其关键点在于信息时代的人本空间需求。需要用智慧的手段实现虚实复合环境的提升。基于市民行为习惯，针对各类特定人群活动轨迹和行为特征进行空间营建，如安排活动、组织社群和宣传推广（图8-5）。

智慧场景营造将会为城市提供新的感知维度和社交平台，形成未来空间的品牌名片。场景营造以智慧为特色，突出技术创新，但在营造手段上不应完全局限于智慧设施，需体现具有复合性的构建策略（图8-6、表8-2）。智慧

图8-4　AI机械仿生花对人的动作姿态做出反应，重构"人—机器—自然"之间的互动关系

空间需求		建设要求
空间使用与功能的高度混合	工作/居住/休闲行为的混合、弹性工作时间	弹性、可变、开放、跨界共享的功能布局
创意人群对宜人环境的需求	年轻群体，好看好玩有用有趣，紧跟热点	宜人、舒适的环境感受与景观体验
数字化生存方式的场所营造	对周边生活环境的感知，所见即所得	充满活力、有归属感的场所氛围
公共空间的虚实交互促进创新	人与人、人与环境泛在多元交互能力	轻松惬意、互联互通的交流空间与设施
科技驱动面向未来的空间探索	智慧应用与创新落地场景空间化	面向未来、智能化、可生长的场所品质

图8-5　智慧场所营建要求

场景营造的目标空间：前沿科技应用场景——5G 场景下的智能技术走入生活场景；智能空间的样板间——高质量空间品质，有未来感的景观风貌，全空间现实虚拟共生；宜人品质的会客厅——智慧交互活动、事件塑造场所 IP，形成具有示范性、可复制推广的未来生活风向标。

数字时代场所建设要点

表 8-2

空间体验	• 连续完整、充满活力的公共空间体系 • 提升运动健康与创新交往能力 • 智能设施提升空间体验与交互性 • 亲切共享的滨水空间 • 科技文化魅力生成
城市家具	• 对基本设施进行多功能改造、智慧化提升 • 对已经发生变化的需求如电子站牌等，进行新功能的补充 • 面向未来，创造引导新活动的设施 • 以不同主题、形式展现前沿科创研发（自动驾驶、AI 等），作知识普及，彰显科技文化内涵 • 对人机交互环境的赋能
交通体系	• 公共交通服务 • 智慧交通设施 • 智慧交通：从演示到应用 • 考虑自动驾驶的应用 • 机器人交通适配
建筑景观	• 塑造整体风貌的科技感与未来感 • 智慧化改造建筑物、构筑物的外立面，丰富景观效果、光影效果 • 利用景观小品、装置艺术提升空间的艺术感与美感 • 地面铺装、街道家具和环境设施艺术化 • 机器人友好的室内环境
生态环境	• 优质微气候 • 生物多样性的展示与交互 • 升级城市景观体验、滨水景观品质 • 环境智能监测
设施服务	• 无障碍设施普及 • 全龄友好与特殊人群关爱设施 • 智能环卫设施 • 社群商业 • 宠物友好设施与空间

图 8-6　智能交互设施与场
所活力提升

2017 年北京国际设计周白塔寺的"老城—未来"数字孪生旧城更新活动（智塔计划）是一个较为典型的智慧场景营造案例。通过白塔寺区域的老城探秘游戏活动，实现白塔寺历史文化街区场所营造的数字化创新。通过智能感知设施的植入与数据开放，实现公共空间的智慧提升，激发城市存量空间活力，推动创新场景落地。在公众参与的游戏活动中，通过物联网感知设备采集的数据与公众参与的胡同与四合院探寻活动的结合，实现了线上数据吸引线下的打卡观光。活动在社区中心集中展示旧城更新的数字化交互成果，强调城市与人的互动性，形成历史文化城区整体运营的创新效应（图 8-7）。

图 8-7　白塔寺 citygrid 城市传感器（左），数字孪生城市更新公众参与活动（右）

2. 重点技术

面向创新活力的公共空间改造方法与技术。公共空间是场景营造的最重要载体。针对不同类型的公共空间，需要识别不同空间品质的问题，提出创新功能与活力提升的引导策略。针对街道空间，智慧化引导机动车出行，通过优化慢行交通，提升人行出行的安全感和愉悦感。提出街道功能复合构建策略，优化空间管控，提升街道空间艺术感。针对公共开敞空间，面向多元群体需求，打造宜人、舒适的环境感受与景观体验，营造充满活力、有归属感的场所，提升人与环境泛在、多元的交互能力，提升特色空间风貌形象魅力，并培育轻松惬意的交流氛围与创新场景。

形成公共空间营造的技术体系与工具箱、公共活动组织与运营方法数据库，以及公众参与机制与平台建设标准。提升公共空间的活力，组织公众活动，实现实体空间人气的重新聚集。

人本尺度的微改造技术。从各年龄段、各类群体的个性化需求出发，探索空间更新的新模式。研究针对存量公共空间进行改造升级和植入的模式与技术和多元人群的活动与感知模式，探索结合新技术的无障碍、儿童友好、适老化改造技术等。形成空间活力提升的标准和导则，营造连续完整、充满活力、适宜老幼的空间体系。创新场景的环境品质提升路径，包括打造区域优质微气候、生物多样性的展示与交互、环境智能监测技术等，优化多维度空间感知。研究通过科技与艺术融合来提升空间品质的技术手段，在存量城区小微空间植入人性化、智慧化的绿色城市家具和服务设施。通过景观小品、装置艺术提升空间艺术感与美感。提升空间体验与交互性，创新运动健康、休闲聚会、交流共享等生活场景。

空间形态创新技术。前瞻性地研究基于人工智能、无人驾驶、5G、VR 等前沿科技，驱动城市空间形态变革，并提出改造提升模式。构建以"新城建"为驱动力的城市创新形态，提升智慧城市建设的感知性、亲人性。打造智慧街道、智慧公园等面向未来的，智能化、可生长的高品质城市空间。探索面向创新业态的空间利用方法，构建有弹性、可变、开放边界、跨界共享的空间优化技术体系。研发人性化环境多源感知技术，推进宜人、可感知、可识别、绿色可持续的环境品质建设方法研究。探索人机交互、虚实交互、线上线下互动的交互方式，将新技术驱动空间变革的要素与场所营造结合，创新信息时代人与建成环境的互动模式。

8.4　智慧场景产品体系

模块化设计思想在城市规划与建筑行业由来已久。克里斯多弗·亚历山大（2002）提出建筑模式语言。尼科斯·萨林加罗斯（2011）提出城市空间模块。新城市主义提出断面理论的精明准则（smart code）（杜安尼等，2019）。日本新陈代谢派代表人物黑川纪章在中银胶囊塔（Nakagin Capsule Tower）设计了模块化的房间，胶囊建筑的模块可自由搬运、快速复制，形成可替换系统。

模块化与产品化设计是各地智慧城市场景营造的重要探索方向。雄安新区的智慧城市建设通过智能接入设备（X-Hub）的外设接口覆盖各类应用场景，同时利用扩展空仓实现柔性接入，与各类城市感知设备和智慧场景落地结合。浙江省未来社区的九大场景系统，也可以看作一种"产品思维"，体现了清晰的场景产品线的设计思路。在未来社区的项目落地过程中，智慧城市厂商、施工方、社区运营方可联合进行未来场景的产品化打造和运营。

智慧场景集中在中微观空间层次，具有新技术与建造结合的基因，并且部分借鉴了信息技术产品的架构特征。因此，智慧场景应体现出模块化和产品化的设计特征。基于模块化互相嵌套的形式，城市空间可以理解为多尺度场景组合的递归函数。随着新技术与新场景的不断涌现，城市也将成为动态拓展的插件城市（plug-in city）。

海淀城市大脑顶层设计中对智慧社区进行了场景体系设计，并与海淀城市大脑产业联盟的产品能力进行了充分对接，为后续的产品化场景建设提供了指引。智慧社区项目初期建设内容梳理了包括小区周界、小区出入口、岗亭、小区内主干道、消防通道、消防水泵、公共活动区域、有害气体、水电气热、窨井区域、充电桩、重点区域、地下管网、充电车棚、智能快件柜、停车场、电梯轿厢、单元门等 18 类以物联网感知为特点的智慧场景体系（图 8-8）。18 大场景建设可以汇聚相应社区基本数据及相关政府部门数据，对试点社区内的物联网感知数据进行采集、挖掘和分析，为公安、消防、环境、综治等业务提供公共安全与管理的专题分析服务，增强社区动态管理和服务的能力，为社区居民构建一个智能、安全、便捷的生活环境。

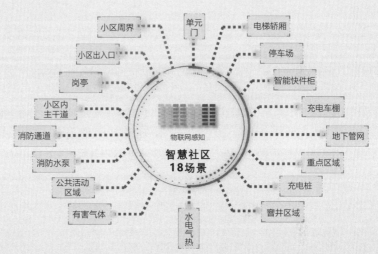

图 8-8　海淀城市大脑项目中的智慧社区物联网感知场景体系

崖州湾科技城智慧城市专项规划也对各类城市空间需要植入的感知设备进行了模块化的设计。以公共空间为例，公园、广场、街道、环卫区和停车场等在实际建设中应依据具体业务及服务要求形成具体的感知设备建设清单，用于指导各类厂商设备在实体场所中的接入，继而与空间结合构建多角度、立体化的场景营造体系。各个感知监测终端根据统一的网络传输协议标准，通过物联专网接入物联网专用平台，数据内容和格式要满足应用系统对数据的需求，所有公共区域的物联感知监测数据要进行统一的存储（表 8-3）。

空间类型	空间要素	导则要求	物联网导则	数据要求
公共空间	公园	建议在先行示范区、应用推广区结合控规中确定的公园绿地、防护绿地，逐步打造滨水公园、门户公园、商务花园、零碳生态公园等不同主题特色的智慧公园（引导性）	1. 根据不同主题增设智慧设施，起点处可设置智能助手、语音互动亭、人脸识别存包柜等，节点处可设置互动喷泉、自动售卖机能量补给站、互动地面等，终点处可设置智能LED屏、互动地板、发电地砖、智能座椅等（引导性）； 2. 软件层面配套声、光、电等互动模块及相应的数字管理平台、智慧灌溉管理系统等（引导性）	1. 进入监测区域的行人和／或车辆数目； 2. 空气质量数据（SO_2、O_3、CO、氮氧化物、PM_{10}、$PM_{2.5}$等）； 3. 水体水质数据（水文、pH值、溶氧、电导、浊度、COD、氨氮、总氮、总磷、重金属、毒性等）； 4. 土壤数据（土壤温湿度、肥力、pH值）； 5. 天气数据（大气压力、气温、湿度、风速、风向、雨量、能见度等）； 6. 海绵城市监测数据（区域排口、河道断面、管控分区监测点、调蓄设施、典型下垫面、典型项目和海绵设施的流量、水质、液位、悬浮物浓度，以及视频监测信息）； 7. 树木数量、树种信息； 8. 公众对公共空间的评价和满意度数据； 9. 互动设施使用频率
	广场	建议在应用推广区结合控规中确定的广场用地，逐步打造文化广场、社区广场、邻里艺术广场等不同主题特色的智慧广场（引导性）	1. 根据不同主题增设互动喷泉、互动灯光秀、共享健身盒子、智能垃圾桶、智能座椅、LED互动地板等智慧设施（引导性）； 2. 软件层面配套声、光、电等互动模块及相应的数字管理平台、智慧灌溉管理系统等（引导性）	
	街道	1. 建议以先行示范区为核心，逐步建设中央活力廊道、科技生态廊道、艺术创意廊道、滨水休闲廊道等不同主题特色的智慧慢行街道（引导性）； 2. 以先行示范区为核心，沿路设置多杆合一的多功能智能灯杆；应用推广区结合地块详细设计，可在重要街道和公共空间设智能灯杆；现状提升区逐步更新为智能灯杆（引导性）； 3. 共享单车停放区、垃圾桶、路灯、座椅、引导设施灯等常规设施的布局原则遵循原有设计标准，由后续深化设计团队进行布设，在设施选择上建议替换为智慧专项中展示的智能设施（引导性）	1. 智慧灯杆高度在0.5～2.5m范围内适用检修门、仓内设备等设施，2.5～5.5m适用路名牌、小型标志标牌、行人信号灯等，5.5～8m适用机动车信号灯、监控、指路标志牌、分道指示标志牌等，8m以上适用照明灯具和通信设备等（引导性）； 2. 设置光伏步行道铺装、环境感应薄膜、智慧照明等设施提升步行环境（引导性）； 3. 在交叉口设置智能横道线或智能道钉强化标识标线（引导性）； 4. 根据慢行街道主题，建议配套互动喷泉、交互灯光感应跑道、互动灯光琴弦、AI导览一体机、集电地板、跳房子等特色设施，并配套声、光、电等互动模块及数字管理平台等软件设施（引导性）	
	环卫区	在公园、广场等人流密集的公共场所需遵循二分类法（可回收物、其他垃圾）（强制性）	先行示范区建议率先设置智能垃圾桶，并配建智能运输调度管理平台（强制性）	1. 智能垃圾桶垃圾量及满溢程度； 2. 智能垃圾桶收集频次； 3. 垃圾车定位； 4. 垃圾车车牌号； 5. 垃圾车清运作业量
	停车	1. 社会停车场车位满足公共场所的停车需求（强制性）； 2. 社会停车场按比例配套新能源汽车充电设施（强制性）	1. 停车场出入口设置智能道闸，每个车位设置地磁传感器（引导性）； 2. 社会停车场建议设置光伏发电车棚、储能设施和储充一体电动车充电桩，打造光储充一体停车场（强制性）	1. 进入停车场的行人和车辆数目； 2. 进入停车场的车辆种类和车牌号码； 3. 车位预订信息、占用情况和数目； 4. 充电桩占用情况和数目； 5. 充电桩各时段耗电量

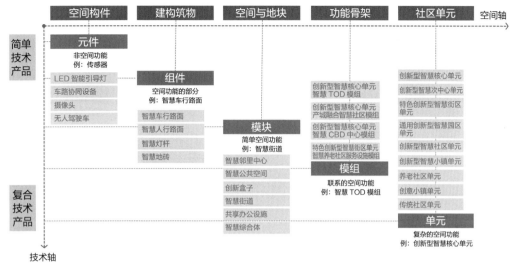

图 8-9　智慧城市空间模块层级体系

刘泉等（2023c）认为智慧城市建设具有模块化组织和小趋势（microtrend）的特点，他们对智慧街道模块化组件产品体系进行了策划——基于智慧城市空间模块体系的组织，将整个架构划分为 5 个层次：元件（element）、组件（chunk）、模块（block）、模组（module）和单元（unit）（图 8-9），并以华强北为例进行了模块化场景的概念性设计（图 8-10）。

北京甲板智慧科技有限公司，利用智能交互设备，在公共空间中进行了创新场景落地的实践。其主要研究和应用涵盖公共空间智慧化的各个领域，包括基于人工智能的运动、艺术、运营和管理等。在公共空间智慧场景的开发中，甲板科技着重进行了具有模块化特征的产品体系设计，涵盖智慧健身、儿童娱乐、智能服务设置、互动艺术装置和户外运营等方面（图 8-11）。

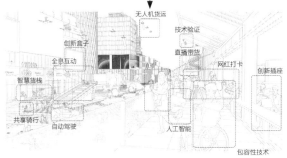

图 8-10 智慧街道场景的模块化设计

图 8-11 青少年与儿童对智能交互产品有着天然的接受度

8.5 面向运营的展望

当前城镇化、工业化、信息化发展进入新的阶段，城乡规划从关注物质空间规划设计和建成产品向关注建成产品的使用、空间的社会属性和社会治理转变（石楠，2021）。场景的运营即对数字化空间产品的可持续使用，也是对

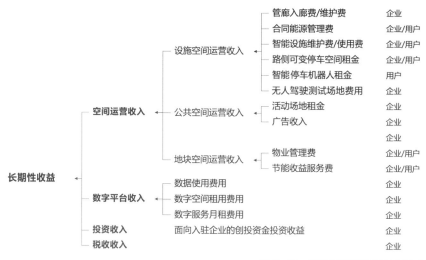

		管廊入廊费/维护费	企业
		合同能源管理费	企业/用户
	设施空间运营收入	智能设施维护费/使用费	企业/用户
		路侧可变停车空间租金	企业/用户
		智能停车机器人租金	用户
		无人驾驶测试场地费用	企业
空间运营收入	公共空间运营收入	活动场地租金	企业
		广告收入	企业
			企业
	地块空间运营收入	物业管理费	企业/用户
		节能收益服务费	企业/用户
长期性收益		数据使用费用	企业
	数字平台收入	数字空间租用费用	企业
		数字服务月租费用	企业
	投资收入	面向入驻企业的创投资金投资收益	企业
	税收收入		企业

图 8-12 智慧城市运营的商业模式

社会经济系统的生态构建。智慧场景的构建最重要的是以运营为导向，综合考量其经济与社会的可持续性。

从城市发展模式来看，传统的房地产开发、土地出售收益以及房地产销售收益都属于短期性收益。相比之下，城市运营将会带来长期性的收益。运营收益包括空间运营收入、数字平台与数据资产收入以及投资收入等，将实现全生命周期持有性物业经营的模式（图 8-12）。在新基建的框架下，新空间的收益模式也发生了变化。例如，智慧停车、可变空间和智慧管廊等基础设施数字化运营，不仅创造了数字平台收入，还带来了数据资产收入。智慧公园内的智能交互设施，通过对环境数据、用户行为、消费和健康数据的采集，能够创造更多的商业产品和服务模式。这些数据的收集与分析可以帮助优化公园的运营管理，并协助商家提供个性化的服务，为公园业主和商家创造更多营利渠道，促进公园周边商业地产的价值提升。

智慧场景营造，可以从智慧设施软硬件一体的策划设计、模块化产品体系的建设落地，一直延伸到基于空间场景的运维。通过商业模式链接各类智慧城市厂商、数字经济企业和创新资源，形成场景驱动的创新生态系统（图8-13）。智慧场景集中连片区域，例如智慧园区、智慧街区、智慧公园等，将成为数字科技转化和应用的基地。

拉蒂和克劳德尔（2019）认为物联网意味着把充满了互联物体的世界变成类互联网结构，这将对商业环境产生

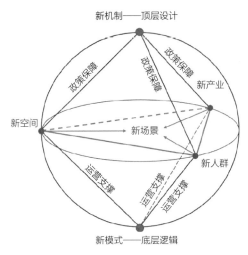

图 8-13　数字经济背景下以新场景为核心的城市创新生态

全方位的颠覆影响。以创新商业模式为引领，场景运营展现出重要的数字经济价值，尤其在智慧商圈领域，为新兴商业模式和新空间的崛起提供了支持。现在各地商圈都积极开展 5G、人工智能、元宇宙等新兴技术的应用，打造特色场景，并结合新媒体进行线上线下的联动营销。数字时代，"网红空间"成为新的吸引逻辑，网民"用脚投票"消费选项。"酒香不怕巷子深"的特点愈发突出，社交网络对于消费选择影响至深。人们更多地通过社交网络的联系来到网红店进行探店，而非通过商业街和店铺的可达性来进行选择。在这一领域，Z 时代的年轻人追求新颖体验和全新尝试，网红、意见领袖（KOL）等影响者的作用不容忽视。网红店在社交媒体的作用下形成了具有社交属性的消费空间。这个消费空间涵盖了兴趣圈层，为品牌输出和消费模式带来了变革，构建了商业社区和年轻人独特的潮流消费场所。

参与智慧场景营造的商户在这样的商圈环境中受益良多，可以充分融入互联网社群，与网红、潮流空间形成紧密的联系。场景营造充当着片区提升的催化剂角色，通过数字化商圈拓展影响，为更大范围内的创新提供支持。智慧场景不仅促进了商户之间的联动，也增进了商圈与周边地块、城市功能之间的联系，共同塑造出更具活力和创新性的数字经济生态。城市商业

区也得以形成新时期"网红化、趣味化、潮流化、经营化"的新型设计与运营模式。

对于老旧小区改造和智慧社区建设来说，全部依靠政府投资的模式不可持续，有必要通过数字化商业模式来实现可持续运营，盘活社区空间。以可持续商业模式为特点的前置仓就是一个很好的例子。前置仓是将社区居民高频采购的商品前置存储在社区仓库的模式，可实现对订单的快速响应，缩短配送流程，对于生鲜电商尤其意义重大。当前快递物流已经改变居民的生活，也是居民和外部商业服务联系的最大"触点"。前置仓作为配送链的起点和末端，蕴含着巨大的商业价值，能直接对接终端消费者需求，并积累消费数据，建立综合服务的入口。浙江的蓝城乐居和杭州设维信息技术有限公司提出根据未来社区总建筑面积及社区居民户数，合理规划、布局、配比相应面积的社区到家服务前置仓的模式：依托"数字 + 魔方空间 + 前置仓 + 即时配"，与各类型快递配送公司、物业公司服务进行对接，成为社区服务居民快递收发最后一公里的物流和即时商品"淘服务模式"。通过精益数字技术平台结合数据收集终端，收集社区物流末端居民到家服务数据，优化社区商业服务，成为链接行业、服务、社区居民的重要物理与数字入口。

2023 年 11 月发改委发布的《城市社区嵌入式服务设施建设工程实施方案》也提出，"优化设施规划布局，完善社区服务体系，把更多资源、服务和管理放到社区。布局建设家门口的社区嵌入式服务设施"。除前置仓外，各种服务如智慧医疗、智慧养老、智慧教育等都可以借助嵌入式设施或设备进驻社区。社区营造要考虑嵌入式设施在社区内的空间利用、布局安排以及设施基础建设等方面。这种模式有利于引导社会资本参与老旧小区改造，构建更有益的社区合作模式。

完善的场景营造特别需要从设计环节就考虑建成后的运营可能性，以便在设计和实施中充分盘活空间资源，释放数字红利。特别是城市更新项目，相比新城新区来讲，其可持续的商业模式更为重要，需要实现从规划设计，到设施落地和工程建设，再到运维的全链条延展。除了物质环境和商业模式设计外，场景营造也需要着重提升人文软环境。这包括活动策划、品牌推广、文化体验和社群文化共建等方面。有必要从整个生态体系综合考虑，不仅关注基础设施和商业发展，还应致力于为市民和企业创造丰富的文化活动和共享体验，通过综合发展模式构建具有活力和多元特色的文化场域。

大栅栏数字更新是笔者团队进行的一次相关的创新性探索。自 2011 年大栅栏更新计划启动以来，北京大栅栏地区不断进行改造和更新，从杨梅竹斜街的"胡同文艺复兴"到北京坊的"京味儿生活实验室"，这个地区成了"老北京"文化的先锋试验场。在最新一轮的城市更新中，笔者团队与中科大脑、均豪集团联合进行了以数字化家庭与老四合院结合为主题的策划：大栅栏"城市更新·数字家庭创新场"。策划方案将以智慧场景营造为核心，推动历史文化街区的复兴。方案以数字家庭复合创新空间的营造为核心，旨在打造大栅栏城市更新的数字化赋能模式。其"一体化"焕新模式涵盖投资、规划、改造和运营（图 8-14）。这个项目以各类创新空间为主要载体，引领数字家庭科技创新应用与城市、社区和家庭空间的有机融合，通过实现不同尺度场景的落地来更新老城区的空间与业态功能。

策划方案将在大栅栏地区进行融合历史文化街区、原住民共生院落、企业办

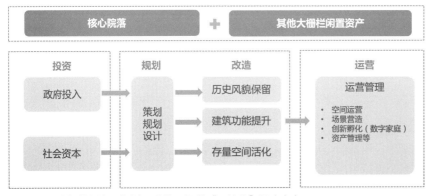

图 8-14　大栅栏投资＋规划＋改造＋运营"一体化"解决方案

公、旅游消费、商业网红等全场景的开放实验。围绕数字家庭产业发展和未来产业发展，融合"科技 + 创意"，通过视觉设计、实体互动装置、AI 交互技术等手段来展现科技成果。在重点院落内部的功能区域规划了企业展示、科技成果互动、沉浸空间等，实现了展览展示、科普宣传、创新服务和科技孵化等多种功能。按照计划，小米科技等数字家庭机构将入驻测试展销空间，并加速培育全屋智能完整产业生态链，推动数字家庭产业集聚。在大栅栏地区通过数字家庭示范区建设将形成有效的商业模式，促进老城区在数字时代活力的持续提升。

8.6 案例研究：
成都的智慧场景营城

近年来，成都提出建设"公园城市"成为"全面体现新发展理念城市"首倡地之一。成都公园城市的建设，一方面体现了"生态文明"和"以人民为中心"的发展理念，另一方面也在智慧城市的背景下进行了丰富的场景营造，并在城市范围内形成了场景体系。

在成都建设公园城市的进程中，强调了场景对于人的感知和体验的重要性，形成了以场景来营城的模式。中国浦东干部学院副教授焦永利认为，通过将微观层面的场景理论拓展为"场景城市"，可将场景理论进一步应用到城市的中观、宏观层面。通过强调多维度、多元素的耦合叠加，能够实现"超越工业时代'单向度的人'的困境"[1]。场景营城的理念旨在摆脱将城市视作增长机器的模式，重新确立人文主义和本土文化的空间价值观，打造全新的城市发展模式。

---

1 焦永利，王桐.营城策略的前沿创新：从城市场景到场景城市 [N/OL].（2021-03-17）. http://www.celap.org.cn/art/2021/3/17/art_2650_47014.html

在信息时代，人工智能、5G、无人驾驶、区块链等新一代信息技术，正在深刻影响着城市的建设和发展，不仅提升了各领域的运行效率，同时还再造了各行业运行流程，创新了城市运营模式，也引发了市民生产生活方式的变革。公园城市不仅仅意味着人与人、人与自然的活跃交往，也意味着以公共虚实交互为特征的信息化驱动的城市组织模式的变迁。在这一过程中，成都这些年不仅在狭义的公园这一游憩空间建设发力，也通过引入人工智能、大数据等一系列数字化技术，积极探索了城市治理各环节的数字化转型。在这样的背景下，公园城市的场景，不仅仅意味着物理空间的场景，同时也是数字化推动公众参与和公共治理能力提升的数字世界的场景。在实践中，成都将公园城市建设与以"智慧蓉城"为核心的智慧城市治理体系进行了深度融合。科学化、精细化、智能化的城市治理，不仅仅意味着城市管理的数字化升级，也是城市自组织与他组织的全流程、全领域、全场景的范式变革。正如《成都建设践行新发展理念的公园城市示范区总体方案》中所提出的"构筑智慧化治理新图景"。

数字技术将在城市治理体系和治理能力现代化中发挥越来越重要的作用，成都的公园城市不仅仅要在现实世界中更加美丽、宜人，更要在数字世界中更加便捷、智慧。因此，成都通过持续提升城市治理智慧化水平，将"智慧蓉城"等一系列公共信息化工程纳入公园城市建设的总体框架，在建设宜人的物理环境时，同步构建实时感知、全域覆盖、敏捷响应、智能集成的城市运行生命体征体系，让城市既拥有外在的美观，也拥有动态演进的"智慧"。城市管理将会更加高效，居民的幸福感也将得到显著提升，而数字经济也将通过智能化场景的落地得到持续发展。

成都在公园城市建设中充分考虑了数字化生活场景对空间建设的要求。《成都市未来公园社区规划导则》对于游憩空间设施智能化提升做出了引导，包括按照智慧城市理念设置通信系统、公共广播系统和安全防范系统；在公园绿地中设置寓教于乐的电子多媒体展示，提高信息接收的趣味性等。《成都市公园城市街道一体化设计导则》明确提出建设集约高效的智慧街道的目标，提出要"借鉴国际智慧城市的建设经验，将街道设施智能化、集约化，以服务出行，便利生活；增加出行的辅助工具、智能监控设施、信息交互系统，加强街道环境智能治理，依托互联网、大数据、人工智能等技术手段实现智慧城市的新生态系统，构建集约交互的智慧街道"。智慧街道的建设不是孤立于信息化领域，而是以街道生活与交通场景为载体，与慢行优先的安全街道、界面优美的美丽街道、特色鲜明的人文街道、多元复合的活力街道、低碳健康的绿色街道等其他策略深度融合。《成都市家门口运动空间设置导则》也提出"实现设施智慧化、运营高效化"的目标，以降低市民使用门槛，提高市民使用频率。此外，成都还针对智能感知设施"多杆合一"的搭载编制了《成都市公园城市智慧综合杆设计导则》。

交流、交互、共享与创新是公园城市发展的主线，这条主线既存在于青山绿水、公园广场之中，也存在于数字经济、智慧服务的创新场景之中。这是以公共场域为核心的数字孪生城市的模式创新，成都既是探索者也是先驱者。通过组织公共活动和提供公共领域服务抵达市民的服务终端，更好地满足线上线下相融合交互的生产生活需求。公园城市建设，不仅为成都奠定了宜居宜业的人居环境基底，同时也是为精细化的城市治理打造了数字时空底座，将为数字时代的居民福祉做出更大的贡献。

第 9 章

智慧空间营建实践

Chapter 9

Smart Space Construction Practice

计算机科学家艾伦·凯有名言（Greelish，2013）："预测未来最好的方式，就是去创造未来。"本书中相当比例的理论探讨都来源于实践中产生的思考。智慧城市空间规划与场景营造目前并没有统一的标准体系，需要在实际工作中通过大量的前沿性探索工作来总结经验。本章以笔者团队近年的实践做案例分析，展现不同尺度的智慧城市与未来社区的规划设计与场景营造，并探讨实操层面的经验和心得体会。这些项目在各类型空间中，都从不同的角度进行了"科技 + 空间"的融合性探索。

9.1 新城新区：
未来城市样板间

新城新区是未来城市发展的样板间，集中展现了高新技术在城市规划与建设中的应用。如前文所述，诸多科技公司纷纷投入最新技术，致力于在新城新区进行空间创新探索，试图打造未来城市的原型。这些实践在一定程度上代表了未来城市发展的方向。新城新区不仅在空间形态和视觉效果上呈现出新颖性，更在功能业态上承载了未来生活与生产方式的变革，体现了城市发展的新趋向。

在国外发达国家的新城规划中，智慧与绿色、生态、低碳等在理念上高度融合，技术上深度协同。智慧生态融合发展是普遍趋势。在我国新时期生态文明建设背景下，更需要通过智慧技术与生态文明的融合，打造面向未来、可持续发展的城市空间形态。

近年来，各地城市设计竞赛出现新现象：要求规划设计单位与科技公司组成联合体，共同展望新技术应用的未来城市场景。与一些城市设计、建筑设计竞赛充满畅想的未来主义风格不同，这种新现象强调结合技术发展趋势，面向空间落地。重庆市广阳岛智创生态城城市设计征询项目[1]要求规划院和科技公司合作，根据设计要求打造"面向 500 年前的生态，50 年后的生活场景"。项目强调生态文明与智慧技术的结合，要前瞻性地运用各类创新技术体现生态与智慧的双基因属性，并展望未来的空间组织和建造模式，构建未来场景体系。

在规划设计广阳岛生态城整体空间布局的过程中，笔者团队以遵循生态文明为理念，使用智慧低碳技术，在充分考量重大信息基础设施的布局要求以及

1　由中国城市规划设计研究院风景院牵头，中规院（北京）规划设计有限公司及中国联通共同参与。

信息技术对空间结构的影响之后，最终确立了以新型城市基础设施建设为基础，构建包含三大系统及两类数据基础设施的智慧城市空间框架，并建设生态孪生智慧中枢的空间规划方案骨架（图9-1）。

智慧城市空间框架三大系统分别是运行态势监控系统、事件协同与联合指挥系统及综合决策与仿真模拟系统，用于进行统一、高效、智慧化的城市治理；两类数据基础设施为城市治理与服务设施和科研与产业发展设施。二者在充分对接重庆市大数据中心的基础上，通过汇集城市大脑 AI 数据中心的全域数据资源、搭载 E-CIM 生态城市数字孪生平台，对规划区整体的碳中和、生物多样性、生态环境敏感性等情况进行监测并推演，出现问题及时预警，并由人工智能专家提供解决方案。同时，依托长江生态科学中心与东港生态环境产业园，在规划区内设立了两大数据中心——长江科学量子大数据中心和生态科学超算大数据中心（图9-2）。广阳岛生态孪生智慧中枢是实现城市高效运营、科学治理和人性化服务的"城市大脑"，规划区内专项治理业务均在这里进行协同调配，如城市交通、安防、市政设施、绿色基础设施等。智慧中枢同时也是展示中心和服务平台，其可通过互动进行对外展示，并充当便民服务中心。

方案中的物联感知网络规划，将整个规划区划分为智慧生态社区、智创科技园区、智享创客商区以及环境大数据、长江生态、山体生态等重点监测区域，分别对各区域的安防、管理、交通、环境等进行有针对性的数据采集，并注意保护数据安全与隐私。本方案综合考量了智慧设施及服务覆盖、三维空间与建设规划、多系统传感器的协同、空间上设备的集成以及智慧设施与业务动态演进的需求，为智慧城市的空间载体搭建提供了指导；此外，建立了特色化智慧场景体系，贯彻了智慧化空间场景应顺应人的活动行为而发生转变，从而创造新的生活范式的理念。

考虑到以智能网联车和无人驾驶为代表的新技术对于交通体系、用地布局及空间形态将会带来的巨大影响，规划要重新构建新型智慧道路体系，打造生

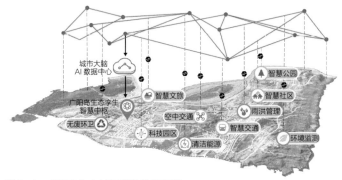

图 9-1　广阳岛生态城智慧设施示意图

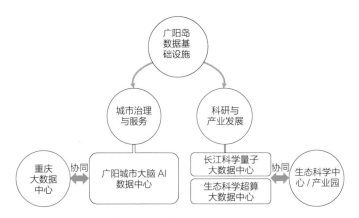

图 9-2　广阳岛生态城数据基础设施模式图

态化、智慧化、立体化的新型交通模式，改善山地丘陵地区的交通组织形式，使之更加环保、安全与灵活。新模式由有人驾驶（过渡）、无人驾驶、地下轨道交通、地面轨道交通、空中交通、慢行交通等交通方式混合组成，形成以 100% 绿色交通方式为主导的生态化智慧交通体系，促进实现碳中和目标，为市民提供健康环保的出行生活。

无人驾驶微公交采用固定站点 + 灵活站点相结合的形式。灵活站点通过虚拟站点，满足组团内部及邻近组团之间的出行需求；通过 MaaS 预约出行，定制确定距离出发点及目的地最近的上、落客站点，消除交通出行的最后 100m 障碍，做到 "1 分钟" 可达。通过无人驾驶应用，弱化支路对地块的分割影响，塑造出"大街区、小生径"的新型交通空间组织模式，利用建筑布局和绿地景观无缝衔接的立体交通。社区型智慧交通体系兼具了多种创新特点。它采用分级别的智慧交通方式来调整道路形态，以满足不同的出行需求。路面采用模块化铺装设计，将建筑形态与自动驾驶技术相结合，无人驾驶技术替代传统电梯，衔接建筑的交通轨道，直接将居民送达家中或办公室，使用高效的垂直交通减少等待时间。同时，无人送货车提供到家的物流服务，为居民带来便利的生活（图9-3～图9-5）。

未来智慧交通技术将直接对用地方案的设计产生影响。最具有创新性的一点是，项目还探索了空中交通模式，以降低城市建设对山体地形及生态的干扰。规划前瞻性地提出以航空导向的开发（air-traffic oriented development，

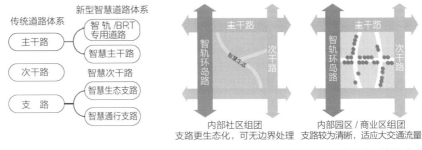

图9-3　自动驾驶对传统道路系统的改变

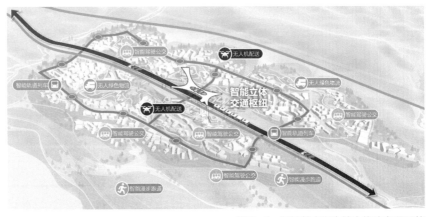

图9-4　以智慧交通为核心构建交通系统

图 9-5　广阳岛生态城智慧出行与智慧社区效果图

图 9-6　AOD 立体交通与"山地点状"开发模式

AOD）为理念进行的城市小组团发展模式。AOD 新型空中交通模式赋能"山地点状"开发，支持建设用地启用更小的组团，此举对山体地形及生态的破坏性更小（低扰动）。规划在广阳岛片区建设以物流货运功能为主的空中交通体系，开创性地使用电动垂直升降飞机（eVTOL）及无人货运机（图9-6）。

绿色基础设施对于打造"净零智慧生态城市"至关重要。综合应用智慧低碳技术，提高能源利用率，实现节能目标。绿色基础设施主要聚焦于城市的能源、水资源及固废、城市形态及基础设施布局等。规划区的能源目标是清洁、低碳、安全、高效、开放和共享。广阳岛生态城应用社区及组团级别分布式供能系统，支持在网和离网两种工作模式。通过加强供热系统智能化，推动分布式冷热电三联供（CCHP），协调发展"源—网—荷—储"，形成集成互补的能源互联网。长效的城市低碳甚至零碳运营，离不开公众的积极参与。以区块链、人工智能为基础，构建公众参与减碳的创新激励模式，如创建碳中和市民 ID 及碳中和积分平台，激励生活场景中的减碳行为，围绕节能、减排和环保三个环节建立高效、健康、可持续的城市人居环境（图9-7）。

图 9-7　智慧可持续的人居环境效果图

9.2　科技园区：
科技感知与形象提升

都市型科技园区是城市创新要素密集区域。但是长期以来，智慧园区建设普遍以信息化软硬件为主，以高效能管理为重点，与园区空间营造脱节。园区普遍存在环境品质不高、智慧技术难以感知的问题，无法体现园区科技特色。部分园区仅仅以形象化的雕塑小品来进行科技形象的呈现，科技特色的场所感缺失。到访园区的人很难获得科技感知与宜人体验。

移动互联网和社交媒体的兴起强化了"景观社会"的特征。在这个社会中，体验感直接影响着形象营销。科技园区要在竞争中既要有"瓤"（实质内容），也要有"壳"（外部形象）。在园区竞争中，形象营销和"网红"塑造变得非常重要，形象本身就具有生产力。全球趋势显示，一批新型高科技和创意新聚落正在逐渐形成，这些地区的尖端人才对未来科技感的体验更加重视。园区也被打造成结合艺术、科技和社交属性的空间。空间营造提升了园区的社交属性，促进了科技创意社群的集聚。

年轻化、景观化和艺术化正在成为未来园区发展的重要趋势。此外，科技在生活中的广泛应用，使其与环境提升相辅相成，运用人工智能等新一代信息技术提升园区的景观形象，推动园区用户体验不断创新升级，能够使园区获得新的核心竞争力。在园区的数字化转型中，一方面要进行园区运营的智能化升级，另一方面要通过综合提升园区品质，完成从传统科技园区向智慧化创新集群的转变，运用数字技术营造创新氛围，吸引创新企业和人才。

在中关村软件园改造提升的概念设计中，笔者团队提出园区应从满足人对美好生活的向往需求出发持续创新，通过智慧设施统筹规划，创造更精准、便捷的空间增值服务。从视觉形象、智慧体验、感知交互等方面提升园区空间品质，实现园区科技感、未来感的全面升级，以更好地服务于科技从业者和科技创新企业，促进科技地产增值（图9-8）。

从微观角度来看，智慧场景营造是科技园区最重要的提升手段之一。通过将科技植入各类场所，塑造园区的数字化特色，实现园区整体风貌和环境品质

图9-8 中关村软件园改造提升设计方案智慧街道示意图

的优化升级；推动园区成为新技术与创新思想的应用场、试验田，探索数字经济新生态和新的商业模式。传统科技园区通过场景化的运营能够整合资源，赋能数字经济，以科技感知构建园区新形态，最终输出园区创新品牌。

根据软件园现有的空间结构及建设现状分析，再结合智慧园区创新智能设施体系，构建出软件园"1+7+3"的智慧空间体系，对一环、七点、三区的未来智慧园区建设进行引导。在智慧园区整体空间体系框架下，软件园出入口及过渡带设计思路从园区文化、智慧元素及功能使用三个角度出发，并结合风貌管控等要求，设计打造好玩、好看、好用的未来科技门户。

各出入口的设计理念与内涵意义，精准体现了软件园的七大特色行业的技术前沿：新一代网络、人工智能、区块链、云计算、新能源、量子计算及大数据。出入口设计的核心理念围绕弹性灵活、智能开放展开，通过在各出入口巧妙融入这七大技术特色，辅以抽象美学符号在空间形态上展现新技术的魅力。结合软件园的智慧设施空间布局规划，我们对核心出入口及其周边区域实施了智能化设计（图9-9），旨在升级优化出入口功能，塑造未来科技感的门户形象。同时设计了一条科技景观大道（图9-10），以全面提升智慧化交通环境与综合环境，营造前沿科技的沉浸式体验。

近期落地项目以智慧慢跑道和智慧导览为主。先期引入接地气、实用、感知度高的项目，通过设计"程序员的一天"故事线，为园区内的工作者提供全天候的便捷、新奇的智慧体验。智慧导览屏幕通过提供天气资讯、园区介绍、政策速览、实时人流车流、地图以及园区50问等，帮助到访人员全方位了解园区。中期项目策划为部分园区出入口改造、虚拟自行车、智能灯杆、智慧喷泉等，综合打造智慧设施体系。远期项目策划为其余出入口改造、智能服务设施、无人驾驶道路改造等，全面打造未来智慧园区高地。

在南京鼓楼高新区形象提升项目中，笔者团队提出强化感知印象，形成科技感知界面体系，进而提升科技地产价值的策略。整体思路为打造"南京最智

图 9-9　园区北出入口设计概念图

智慧灌溉　　雨水花园　　全息屏　　智慧跑道/骑行道　　AI互动装置

图 9-10　智慧景观大道设计示意图

慧的一平方公里"：以"科技＋艺术＋创意＋交互"的形式，打造富有张力、锐度和形象感的科技地标；构建充满创意、活力、"酷化"的公共空间引力场，形成前沿科技与未来感的场所体验。通过智慧设施与公共艺术、景观照明工程的结合，全面提升南京鼓楼高新区的科技感与未来感，彰显数字经济内涵，实现地产增值。

项目设计方案提出空间营建的四大策略：①规划引领。编制高新区全域形象

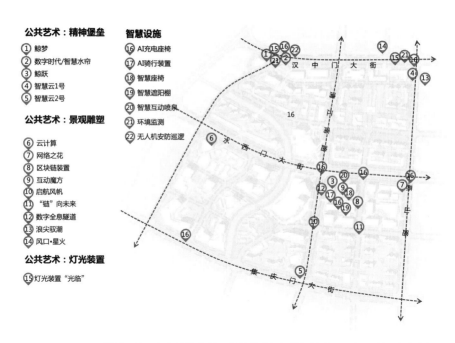

公共艺术：精神堡垒
① 鲸梦
② 数字时代/智慧水帘
③ 鲸跃
④ 智慧云1号
⑤ 智慧云2号

公共艺术：景观雕塑
⑥ 云计算
⑦ 网络之花
⑧ 区块链装置
⑨ 互动魔方
⑩ 启航风帆
⑪ "链"向未来
⑫ 数字全息隧道
⑬ 浪尖驭潮
⑭ 风口·星火

公共艺术：灯光装置
⑮ 灯光装置"光临"

智慧设施
⑯ AI充电座椅
⑰ AI骑行装置
⑱ 智慧座椅
⑲ 智慧遮阳棚
⑳ 智慧互动喷泉
㉑ 环境监测
㉒ 无人机安防巡逻

图 9-11　南京鼓楼高新区公共艺术与智慧设施总平面布局（概念方案）

提升规划，通过顶层设计引导项目科学、合理落地，保障全域形象提升建设有序推进。及早介入整体工程设计，避免后续不协调和滞后性修补。做到整体规划，多元统筹，突出重点，强化落地。②科艺孪生。以智能科技和艺术形象结合为手段，促进艺术、智慧、光环境的全面提升，加强人对园区的感知和与园区的互动，实现传统形象的数字化转型以及数字时代的科创区形象的智能化升级。③科技 IP。深化战略研判和定位研究。精准定位、量体裁衣，打造科技形象提升的"鼓楼模式"。结合高新区地域文脉和产业基因，打破通用性、普适性、移植性的产品设计思路，体现地域感和场所感。④文化内涵挖掘。构建多元的科技文化内容体系，焕新场景，营造全域全天候形象展示与交互氛围。

在四大策略的指引下，统筹"艺术化建设、全天候活力、科技化展示"需求，梳理公共艺术、景观照明、智慧城市的内在联系，做好总体技术把控，进行合理有序的建设规划与项目安排（图 9-12）。项目组还对园区标志与 IP 体

图 9-12　鼓楼高新区形象提升设计技术路线

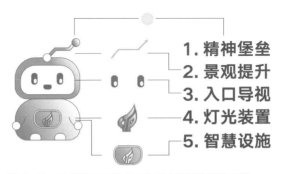

图 9-13　鼓楼高新区 IP 体系构建中的标志设计思路

系进行了设计，协助园区进行科技形象的传播，以科技 IP 形象承载鼓楼高新
区精神（图 9-13）。

9.3　未来社区：

未来生活人居单元

1. 新型智慧社区实践特征

从某种程度上讲，城市发展史即住宅建造史。社区是人居生活的最重要承载
空间，也是未来城市营造的"最后一公里"的体现。瓜里亚尔特（2014）认

为"全球最好的城市都有个性鲜明的社区……他们是城市的活力之源"，他还对未来城市住宅与社区进行了展望："住房不再只是一台可以住人的机器，楼宇成为可住人的有机体。"在我国进入城镇化发展中后期，城市建设进入精细化发展阶段后，居住社区建设面临新的要求。通过回应当下"碳中和""安全韧性""公平包容""数字化转型"等新趋势，居住社区的价值与内涵在实践中被不断拓展与重塑。在新时期，居住区建设的创新实践的重要性凸显，各地广泛开展了各具特色的智慧社区、未来社区等建设项目。

智慧社区以大数据、物联网、云计算和智能终端为支撑，形成社区数据资源的采集和运营体系。将以数据驱动的应用服务引入人们的实际生活中，能够重建社区的归属感，加强公众参与。在智慧社区的建设中，一方面应完善各类智能设施的植入，如综合社区门禁系统、楼宇对讲系统、安防系统、能源管理系统、智能停车管理系统、智能电表抄表系统、梯控系统和电动车充电桩等；另一方面，社区智慧化建设应从完善基本公共服务入手，在健全社区数据库的基础上，提高社区智慧服务的便捷性，如网上办公、实时房屋租赁信息推送等生活服务，并为居民提供互动交流的平台。

智慧社区的空间规划和设计需要切实地满足当下因居民日常生活方式变化而带来的新需求，尊重和考虑全龄、不同兴趣和不同职业群体的特定要求，在充分调研社区基础的情况下，搭建个性化的智慧平台，合理进行社区的空间资源配置。同时，也要以人的需求和感受为中心，提高社区真正的智能化水平，回应社区管理方面的真实需求，例如社区车位布局动态调整、私家车位占用监控、社区设备检修保修、快递管理等。社区的智慧化水平主要体现在前瞻性和预判性上，而公众满意度则主要依赖于在社区公共空间的体验和基础公共服务的质量。在已建社区中，要将物业运维与 IT 运维进行一体化整合，构建从发现问题到解决问题的整体数字化过程体系。

笔者团队在各地的智慧社区项目以及智慧社区标准的编制过程中，一直强调要融合宜居社区、健康社区、完整社区等理念，面向信息时代居民的生活需求，探索信息化技术与土建工程的融合路径，协同打造新型智慧社区的模式。在实践中针对社区新零售、无人超市、多功能快递柜、在线购物与内容推送以及未来将进入社区的自动驾驶等智慧场景，创新空间模式、商业模式和运营管理模式。以智慧社区为平台连接投融资和社区共同缔造机制，促进社区更新的可持续性。

未来社区建设与社区更新需要在社区服务模式上进行创新，打造虚实交互、舒适便捷的未来生活新场景，尤其需要将医疗健康、养老服务、全龄教育、智能家居等方面的数字化资源和服务引入社区。这将有效提高居民生活质量，如以 AR/VR 相结合的模式开展社区教育，提供远程医疗和智能体检服务，提供智慧睡眠监测、烟感报警、智慧养老食堂等提高老年人居住体验的在地智慧化服务（图 9-14）。

同时，以"微更新"的方式在老旧小区中进行公共空间改造，在经费有限的前提下，不一定大规模投入智能化设施，一些简易的景观、装置与铺装的设计也可以有效形成社区场所感（图 9-15）。在空间营造上可以通过采集人本感知数据，与社区体检以及运营管理平台形成联动。通过移动式（车载、可穿戴）智能感知设备采集环境数据，评估场地的健康效益。

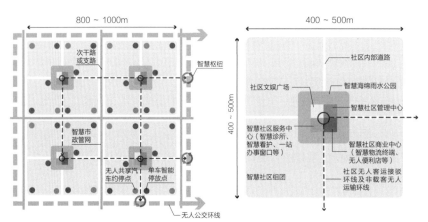

图 9-14 新技术驱动的智慧社区空间模式图：社区生活圈尺度（左）与完整社区尺度（右）

图 9-15 双井街道的社区公共空间微改造

2. 时代奥城新型智慧社区建设

笔者团队参与的天津市南开区时代奥城社区更新与智慧化改造项目，联合天津大学和融创物业，以"政产学研深度融合、科技创新提质增效、共同引领行业发展"为合作宗旨，围绕"城市更新——老旧小区改造——社区治理——公众参与"的主线，从"科技 + 空间"模式出发，将智慧、人文、绿色、健康等创新理念和元素融入社区空间、交通环境和建筑景观，整体提升环境品质。在具体工作上，坚持"以人为本、可持续发展"的营造原则，从社区体检评估、信息系统设计与平台建设、新型智慧社区改造提升导则编制和智能设施植入等四个方面开展了具有前沿性和创新性的社区智慧化更新探索（图 9-16）。

利用多源大数据进行社区体检与现状评估，诊断社区健康状态并辅助决策。建立多种智能评估工具模型，基于社区人居环境评价的各类口径数据，对社区运行状态进行深入分析。开展广泛的社区调研和公众参与，搭建基于地理位置信息定位的多平台公众参与系统，为广泛、及时、精准收集居民的改造建设诉求提供支撑。

图 9-16 奥城社区智慧社区营建技术体系

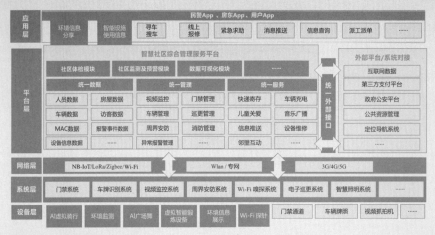

图 9-17 奥城社区信息系统架构

设计内涵丰富的智慧社区架构，强调夯实基础、全面兼容，逐步迭代。考虑社区更新与智慧社区投资回报，兼顾推广性、可复制性。在信息系统架构上强调空间营造结合科技应用，突出针对"一老一小"的服务提升；创新性地增加了设施层，体现物理空间设施和体验场景，进而重点布局各类实体空间的硬件特别是智能可交互设备。同时，充分考虑智能设施对空间环境的互动性影响（图9-17）。

开发智慧社区信息平台，起到社区综合管理服务功能。平台包括三大功能模块，即社区体检模块、社区监测及预警模块和数据可视化模块。社区体检模块基于多元数据融合，对项目小区进行综合性社区体检。社区监测及预警模块接入小区新建的图像采集数据、环境监测数据、人流监测数据、娱乐设施运行数据及原有的包括物联网数据、管理数据、互联网数据在内的各类数据，建立多种智能评估工具模型。数据可视化模块对社区体检报告、更新建设方案等进行可视化呈现，便于社区管理人员、业主等了解社区状况，也可在社区出现预警情况时，辅助社区物业等工作人员进行应急调度指挥。

奥城社区智慧化改造技术导则，以"科技＋空间"为编制思路，兼顾住房和城乡建设部对老旧小区改造的相关技术要求以及工信部对智慧社区建设的相

图 9-18　智慧社区空间与技术集成引导示意

关技术要求，形成商品房小区的社区更新综合指南，在交互设施植入与智慧空间场景营造引导方面做到了业内首创。导则对小区改造提升中的信息化工程、土建工程和智慧场景建设提供了详细指引，并通过商业模式的设计形成可复制、可推广的业务模式。导则有三大部分内容：空间提升指引、数字化提升指引和运营管理指引。具体包括环境市政基础设施、公共服务设施、建筑与环境、智慧场景与智慧空间营造、信息系统设计、社区治理与定制化服务、社区运营与长效管理等内容。导则强调要在人居环境提升上进行分级、分类（各类设施）指导，结合科技元素营造智慧场景，并与街道、社区协同，共同构建优化"15分钟生活圈"。导则作为技术指引指导奥城项目智慧化提升方案设计，提供了面向未来、动态演进的智慧化提升路径（图9-18）。

在智慧设施建设上，选取营造环境监测、智慧运动、智慧娱乐场景，充分体现了智慧化空间交互特征。环境监测设备具有监测环境信息、展示环境数据、发布实时信息的功能。智慧运动设施为AI智能交互大屏，引导居民进行智慧交互的"太极拳""广场舞"等趣味社交运动。奥城社区通过智慧场景与信息化建设的结合，提升了社区环境品质，实现了科技与空间的交互融合以及居民与设施的感知互动和居民之间的交往共享，创造了可复制、可推广的"未来感知社区"模式。

3. 金成府"完整+"社区建设

完整社区建设是近年来住房和城乡建设领域的重要政策导向。在笔者团队参与的天津金隅金成府完整社区设计项目中，围绕智慧社区这条主线，将开发商的产品策略与住房和城乡建设部的完整社区政策进行了有机结合，构建了"完整+"的未来社区体系。

住房和城乡建设部的完整社区建设是从政府侧角度出发，以补足城市住区短板为目标，综合考虑各部门对城市住区的相关指导意见及建议，落实衔接城市住区宏观和中观层面的相关技术导则、要求，具有公益性和政策性。开发商则侧重从产品价值角度出发，以赋能社区创新场景为目标，研究政策形势、市场动态和领先案例，实现社区建设顶层设计，具有市场性和前瞻性。本项目将两者充分对接，层次互补，在完整社区建设的基础上，进一步结合开发商建设高端小区的需求，提出"完整+"体系，打造具有天津地域和金隅自身特色的完整居住社区体系，用以指导以金隅金成府社区为例的各类高端社区的后续优化提升（图9-19）。

项目编制了"完整+"社区导则，以金隅"完整+"社区体系为基础构建完整社区生活圈配套设施建设指引图，形成基本公共服务、市政配套设施、公共活动空间和便民商业服务四大类设施在空间上的配套建设索引。构建金隅

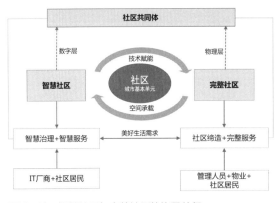

图9-19　智慧社区与完整社区的协同共促

"完整+"社区体系导则，高标准执行国家现行规范及标准，积极响应各部门相关指导意见及建议，落实衔接城市社区相关技术导则、要求，参考借鉴上海、成都、浙江等已有的城市社区建设经验，打造具有金

成府自身特色的完整社区体系。在完整社区的标准基础上，进一步研究高品质社区特色化指标，例如社区足球场、宠物友好设施、疫情应急设施和特色服务及管理等内容（图9-20）。

金隅"完整+"社区体系将物理空间与数字空间相结合，以基本公共服务、便民商业服务、市政配套设施、公共活动空间、物业管理水平、社区治理机制六大板块为导向，充分考虑建立全生命周期的运营管理机制，构建以实现建筑可持续化、交通畅通化、服务包容化、治理智慧化、健康全龄化为目标的规划建设指标体系。此外，项目还强调满足新时代背景下多元化群体对线上服务、健康管理、健身场地和设施的多样化需求（图9-21、图9-22）。在医疗健康

图9-20　金隅"完整+"社区体系建设指引图

图 9-21　金成府已建成的社区公共活动场地

方面设置充足的卫生服务设施，提供便捷的医疗卫生服务。建设居民电子健康档案，实现日常健康监测。同时多措并举实现平疫转换，增强社区韧性。

在完整社区的框架基础上完善智慧社区建设，实现智能驱动，拓展精细化管理和服务应用场景。对金成府正在进行的智慧设施建设进行引导，并指导其后续的持续优化，结合社区商业服务、社区安全、社区环境进行提升，提供全方位智能服务。例如，增加智能物流终端，提供社区无接触物流服务；增加对高层住宅高空抛物的智能监控设施，减少安全隐患；增加环境实时监测设备，创新生态社区建设模式。对 15 分钟生活圈内商业业态进行策划，并提出推动线上线下结合的社

图 9-22　金隅"完整+"社区体系概念图

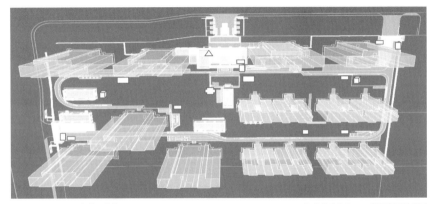

○ 智能救援岛　○ 智能回收站　□ 智慧环境监测　△ 社区智能综合服务中心　□ 智能物流终端　□ 社区电子信息屏

图 9-23　金成府社区智慧设施建设指引

区商业体系构建策略，拓展增值服务。打造分散化的智慧社区服务节点，形成数实交融的 5 分钟 /10 分钟 /15 分钟智慧生活圈。

基于人工智能等技术建设完整社区信息平台，作为数字社区体系构建的核心部分，促进线上线下物业服务融合发展。通过信息平台实现完整社区建设的数字赋能。完整社区信息平台一期可以应用于完整社区建设和管理，对各类设施的布局、建设和运营进行精细化分析和管理。二期可以承载更多的物业服务功能，通过链接各类数据和资源，可提升社区物业管理服务效能，降低运营资金成本，产生经济效益，提高对居民的服务质量。通过完善完整社区设施与建设信息平台，实现完整社区建设的"科技 + 空间"的互促模式（图 9-23）。

9.4　公共空间：
数字化交互场景承载

新技术的涌现特别是移动互联网、5G 网络、基于位置服务的发展，能更好地满足人们生活与交往中对即时性、便捷性、趣味性以及多元化体验的需求，虚实互动的公共空间得以兴起，居民活动的空间性因不断被加入新的维度而变得复杂，人们对时空活动行为的认知亦被重构。

城市公共空间因此面临显著的变革。德·瓦尔从情境关系视角出发，重新定义数字时代的空间，将城市理解为连通与协调不同系统的"界面"（interface）。对于传统城市公共空间，德·瓦尔认为其已经失去了最重要的功能——接触与交流。这些活动已经集中发生在媒介网络而非物理空间。因此，"理想的出发点不再是公共空间，而是城市公众在空间和调解实践共同作用下的发展方式"（瓦尔，2018）。数字化活动促进了公共空间的活力提升，信息循环迭代的过程进一步加强了公共空间的数字化演变趋势。正如瓜里亚尔特（2014）所言："通过智能网络将传感器和执行器搜集获得的城市智能信息进行整合，促成城市公共空间的再信息化。"

公园是市民重要的社交场所，是城市的会客厅。数字时代的公园，应当是人与自然环境交互、人与人交互以及人与数字媒介多重交互的场域。数字化设施将成为新的数字景观，并与风景园林共同构成交往的空间，打破室内/室外、个体/公共、物理/虚拟等多重边界，为公园赋予更多的内涵。笔者在若干新城规划与居住区规划中，对以智慧公园为代表的公共空间，进行了以构建人机交互空间为特色的设计，并与合作团队协同进行智能设施落地，营造智慧化公共空间。

在美国加利福尼亚大学洛杉矶分校（UCLA）的路斯金创新中心（Luskin Center for Innovation）发布的《智慧公园工具箱》报告中，将"智慧公园"定义为在环境、数字化和材料等各种方面广泛利用科技手段的公园（图9-24），报告强调了建设智慧公园的意义："利用环境、数字和材料技术实现一系列价值观：公平获取，社区适应，增强健康、安全和韧性，提升水和能源的利用效率，实现有效的运营和维护。"在ICT、物联网和各种新技术的支持下，室内外活动的边界会更加开放，城市中跨尺度的公园可以打破物理空间的隔离，为市民提供更为丰富的活动体验（图9-25）。城市公园绿地系统智慧化营造建设已成为趋势。智慧公园能够很好地反映和适应社会物理环境，并且

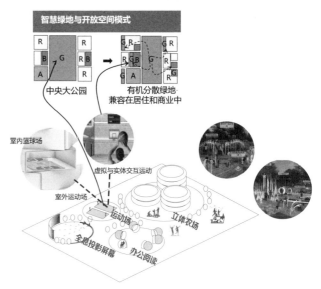

图 9-24 智慧公园工具
箱内容体系

图 9-25 智慧公园的
虚实互动的空间体验

通过信息反馈回路作用于自然系统界面，以灵活抵御气候变化，促进公众健康以及社区安全。各类技术创新可以提高公园绩效，降低运营维护的成本。

城市应用程序对公共空间的嵌入会对文化环境产生影响，使得技术与环境进入新的互动模式（托米奇，2022）。通过智能设施的植入和应用，智慧公园能够为游客带来更多元的服务体验和游览体验。智能服务方面，提供 Wi-Fi 覆盖、智能照明、可充电调温的智能座椅、AI 语音互动垃圾桶等便民设施，提高人性化服务水平。基于公园真实信息建立的智慧导览屏幕可以提供个性化游览路线规划，还可以结合 AR 进行虚拟游园导览和科普讲解。公园的健

图 9-26　智能交互设施与公共空间营造相融合的智慧体育公园

图 9-27　乌镇人民
公园的智慧广场舞

身设施结合传感器和 VR/AR 全息投影等技术，将打破原有单一的健身设施形式，以智慧跑道、智慧体能监测、踩跳互动喷泉等增强互动性的形式为游客提供多元且促进邻里互动的健身活动。另外，传感器与景观设施的结合如手势控制喷泉高度、互动音乐琴键、互动声光影等装置也将加强人与公园空间的互动，为游客提供更有趣的游园体验（图 9-26、图 9-27）。

在中关村软件园改造提升项目中，园区智能空间营造方案基于未来生产生活方式的变革，以广义的智慧城市理念，通过智能感知互动设施与景观、交通的融合，构建承载新经济、新业态和新的人与环境交互方式的空间，实现园区公共空间数字化转型。

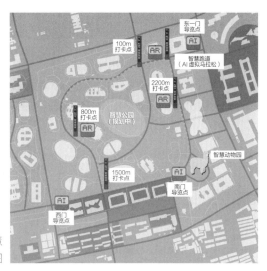

图 9-28 软件园智慧
跑道及打卡地图

改造工程中的一期项目为智慧跑道（图 9-28）。建设内容核心理念是增强物理环境与数字空间的连接，融合线上线下人与环境的交互方式，其内涵与处于数字时代前沿的程序员对空间的需求相契合，能进一步激发园区活力。程序员们可以在现实园区中跑步，跑步记录可在虚拟世界中参与世界各地的马拉松比赛，他们不出园区就可以体验全球最著名的马拉松赛道。作为跑步习惯养成的户外 AI 助手，一体机和打卡杆可以实时显示数据，查看成绩和排名。打卡杆内置摄像头，可 AI 识别人脸，屏显个人瞬时速度、里程等信息，还可以与手机互动，在社交网络上进行分享。

未来，智慧公园的建设在完善了信息化基础设施之后，将加强数据的集成和利用，并将更多的智慧管理和服务设施纳入公园系统，也会更紧密地结合分布式交通、能源等基础设施共同布设。建设智慧可持续性的城市公园，也将为生物多样性保护提供生境动态监测、迁徙保护路线及区域微环境调节等功能。在运营管理上，也将进一步实现自动化的监控、管理和调度。

近年来，公园城市成为许多城市建设的目标之一。公园城市不仅在宜居、绿色领域有显著的示范效果，同时也代表了城市智慧化建设的方向。智慧公园将成为公园城市的基本单元，以公共空间为触媒引领城市空间变革。从这个意义上来讲，智慧公园意味着以公共空间为核心的城市空间创新，叠加以公共场景应用为核心的信息化技术集成。信息技术与实体空间，可谓是公园城市的一体两翼。公园城市作为未来城市的一种形态，将为人们提供数字时代的时空体验与文化想象。

9.5 城市实验室：
复合文化生态系统

在中欧深入开展科技与文化合作的框架下，"中欧城市实验室"落户景德镇，并由景德镇市人民政府与中国城市规划设计研究院共同推动建设。合作项目通过借鉴欧洲文化之都发展建设的先进理念和技术，以"文化＋科技"为发展路径，将景德镇建设成为"中国文化典范城市"。"数字景德镇"（中欧文化城市数字平台）作为"中欧城市实验室"启动的重要项目，将通过集成全球最新数字化技术，进行虚拟城市建设，推进城市空间转型发展的线上业务增值服务，提高景德镇的科学化、精细化城市治理能力，进而提升城市品牌价值，扩大对外宣传效应。

长期以来，许多人认为文化和科技是城市文明发展的两个方向，其实，站在文明的角度，两者殊途同归，都是城市文明的重要组成部分。如今信息时代的数字化元素，其实是新时期文化城市发展的应有之义。20 世纪 90 年代，尼葛洛庞帝（1997）就在《数字化生存》中描绘了信息技术对于人类生产、生活、休闲、娱乐、教育等各个领域无所不在的冲击。我们要思考个人、企业、行业如何在信息时代实现数字化生存，城市同样要考虑如何与时俱进地实现数字化演进。从全球视野来看，在城市可持续发展领域，文化可持续已经成为经济、环境、社会可持续发展之外的重要支柱。城市的文化基因是不变的，但是在不同时期会展现出不同的特征，只有顺应每一个时代的发展潮流，持续彰显城市文化特征，才能实现城市真正的永续发展。

因此，"数字景德镇"可以将中规院的数字城市研究与规划的优势和景德镇丰富的陶瓷文化历史、文创资源相结合，打造瓷都新文创品牌，形成互联网时代的景德镇范式。"数字景德镇"立足于信息时代对城市文化基因的挖掘，以数字全息展示技术为核心，重构城市历史文化，并与景德镇的自然本底、生态环境、城市建筑、产业创新相融合，着力推进全域数字博物馆、陶瓷大数据及文创共享、租赁服务平台等数字项目建设。

如今，景德镇的发展非常具有互联网特征。在生产领域，陶瓷企业已经与电商和互联网经济深度绑定、互相依存。互联网式的陶瓷生产表现为跨越地域和国家的限制、服务响应快速及时、生产个性化、产品快速迭代并注重消费体验。而数字设计、工业 4.0 生产等也将为文创产业的供给侧改革提供助力。

在城市文化氛围上，景德镇基于大量文创人群的聚集，形成了开放、平等、分享、协作、普惠的社群理念。许多观点、创意在这里进行着高频的交流与碰撞，创新的火花随之而来。在生活方式上，移动互联网的普及，造就了人们虚实融合的生活特点，我们既生活在现实世界中，又随时随地借由智能手机和网络遁入虚拟世界，这种虚实相生的生活方式，实际上蕴藏着城市发展的无限可能。再加上新媒体、社交网站、即时通信等传播方式的推动，大众文化话语权下沉，这些与景德镇自下而上的草根活力相得益彰，使得这座城市完全有成为数字时代明星城市的可能。

文化与科技融合发展的落脚点是文化遗产的活化。"数字景德镇"的全域数字博物馆，将景德镇市全部行政辖区定位为一座充满文化要素的城市博物馆，集成物质文化遗产、非物质文化遗产、文化空间等进行整体数字化，利用虚拟现实技术、三维图形图像技术、VR 沉浸式体验等数字化手段，开发景德镇文化旅游及文创空间数字地图（设计全域文化遗产廊道与风景旅游区体系）。同时，分不同功能区构建智慧导览系统，并立足"建国瓷厂"陶阳里、宋瓷国际文创公园设计在线文化体验产品。

以新型数字化技术手段赋能，打造"数字景德镇"，通过"IP+ 内容 + 文化 + 数字科技 + 艺术"的方式，将景德镇的文化空间、文化资源、故事等通过情节串联起来，通过基于景德镇城市文化的数字化产品展示及线上线下融合的交互体验活动，打破时间与空间的限制，以更加友好、互动的方式让世界充分认识景德镇的历史文化价值，认识一个多元、全面的文创古城。同时，通过线上联动线下，如故事探秘、线路游览等，提供真正以用户为中心的旅游导览服务，实现社会效益、文化艺术效益与经济效益的多元互促。

文化创意城市可能成为一个文创的云平台，公众将成为众包机制下的内容生产者。凯文·凯利认为，"社交媒体是成千上万人共享的信息公社"。极客、创意阶层和科技公司汇聚在这样的信息公社中，通过自组织的参与，在虚拟空间中进行着文化生产。数字多媒体技术与文旅产业的融合，可以转化为更加符合数字时代居民需求的产品与消费项目。可以借助线上线下的互动更好地帮助城市讲述故事、积累故事，为孵化 IP 做出贡献。基于数字文创的内容创新，数字博物馆、数字文创展厅、网红直播基地等新型文化空间形态开始涌现，文化城市公共空间的"网红化"传播模式蔚然成风。智慧城市技术可以从规划建设和运营管理等多个维度为日益数字化的文化城市提供赋能与支持。

景德镇红房子作为中规院与欧盟合作的中欧城市实验室项目的空间载体，将成为数字化的城市文化展示中心与文化会客厅[1]。通过展示"中欧城市实验室"的工作成果，并基于对景德镇历史文化的全息展示与互动，连接多个景德镇陶瓷文化空间聚落，通过城市级智慧产品及品牌设计，打造数字时代的国际化文化中枢（culture hub）。在建筑设计中充分考虑了数字化展示和交互的空间体验，强调建筑空间对数字化传播与交互活动的承载，体现文化要素虚实互动的协同，并融合数字化展陈的空间体验（图 9-29）。

---

1 荷兰卡恩建筑事务所负责建筑设计，中规院（北京）规划设计有限公司建筑所负责施工图设计和现场配合，笔者参与前期策划与运营方案设计。

沉浸式体验触摸屏　　　　　　　　　　　　　　　多媒体互动沙盘

VR 电脑屏　　　　　　　　　　　　　　　　　展陈电脑屏

图 9-29　景德镇红房子数字展示与交互

在运营策划上，通过红房子文旅运营，可以点带面地推动景德镇全域文化空间的动态演进，为国内及国际文化爱好者提供一种浓缩的景德镇数字文化场景及生活方式，用数字化的方式突破传统时空对文旅活动的限制，用小而美的方式提升城市文化旅游市场认知度。以文化空间信息枢纽和文创衍生为核心，通过多元主体的运营模式整合多方资源，进行项目的推广并实现复合式营利模式。以景德镇陶瓷文化为主线与核心 IP，将一系列信息数字化、智能化等新媒体艺术装置与深度挖掘的景德镇城市文化、故事内容相结合，实现景德镇历史文化、文化空间的全景展示。注重现代文旅强调的互动性、体验感、场景感、数字化及故事性，联动线上线下，通过运营模式的创新带来多方的社会效益与经济效益。展示内容以"千年瓷都，数字蝶变"为主题，进行"城市文化＋数字交互＋现代演绎＋艺术创新"的系列主题呈现（图 9-30）。

图 9-30 景德镇"红房子"数字化运营内容体系

9.6 数实融合：

"三座城"的探索与成都实践

目前各地城市纷纷开展智慧城市建设，进行创新未来城市形态的探索。"一块地造三座城"的建设模式，正在成为科技赋能城市建设的最新发展潮流。所谓"三座城"是指"地上一座城、地下一座城、云端一座城"。地上一座城，是科技驱动、创新引领、产城融合的现代化城区。地下一座城则是营造高效、便捷，高品质的地下空间体系。一方面，在地下合理布局水电燃气等各类基础设施，并通过地下综合管廊集成各类基础设施管线，同时布局各类数据中心等新型基础设施。另一方面，通过轨道交通的发展，以 TOD 的模式在地下打造集地铁站、商业服务、文化等多功能为一体的地下综合体，形成空间高效利用的城市枢纽。云端一座城，即数字孪生城市建设。将城市全域的建筑、交通系统、自然环境、基础设施等全部数字化，构建数字孪生体系，形成城市精细化管理的数字底座。通过各类智能设备和智慧应用场景的不断接入，以及数据汇聚和人工智能的驱动，推动城市由数字化建设向数字化运营演进，打造全生命周期的数字治理体系。

雄安新区便是这种前瞻性未来城市建设的代表。在建设伊始，雄安新区就提出"数字城市与现实城市同步规划建设"的总体思路。在近些年的建设过程中，新区严格按照规划，每个建设项目，在开工前便构建三维数字模型，在建设过程中和建设后的运营阶段，也持续更新模型库。通过将城市的建筑、基础设施与公园、绿地、水系等自然环境要素的建设过程同步数字化于数字孪生系统中，奠定城市的精细化、科学化、智能化管理和运营的坚实基础。城市的数字孪生体系，也有赖于密集的感知网络。新区按照每平方公里20万个传感器的密度来布局各地块的感知系统。各类摄像头、传感器、激光雷达等相继集成在智慧综合杆上，成为城市的"眼睛"和"触手"，再通过5G网络，形成万物互联的感知体系，让城市"看得见""摸得到"各类问题。通过海量数据资源的汇聚和人工智能数据中心的赋能，城市各领域可以实现数字化共治共享，为市民的生活提供便捷支持。同时，城市建设也强调"地上城市"与"地下城市"的融合。在建设过程中，水电燃气与网络各类市政基础设施和信息基础设施的管线全部入地，集成于地下综合管廊之中。在地面之上则看不到电线、井盖等设施。在花园广场和景观绿地之下，布局着变电站、能源站、计算中心等设施。各类地下管廊空间密集分布，全域贯通，将形成四通八达的地下城市。如此进行空间的立体化利用，能够让城市面貌为之一新。

上海浦东金桥城市副中心也积极开展"三座城"融合建设的探索。地上城市侧重公园绿地的建设，提供优越的生态环境。地下城市强调地下空间的复合使用，包括商业、餐饮、人防、物流等多种功能的综合布局。通过TOD理念，促进交通和空间开发的结合。云端城市一方面是通过CIM建设，实现城市规划、建设、管理、运营的全过程数字化赋能；另一方面，建设空中花园和空中连廊，通过轨道交通、地下环路、空中连廊实现地面、地下、空中的互联互通以及城市空间的高效实用和集约、低碳发展。

"三座城"协同建设的内涵不应止于数字化技术，而是应当实现从机械论向系统论的演进。地上城市、地下城市、云端城市的建设，涉及智慧、绿色、健康、活力等多个创新视角和技术要素，具有极强的复合性和系统性。唯有将以数字孪生为代表的智慧城市技术，真正拓展到以人居环境科学为框架的广义人居环境智慧，方能构建智慧高效、产城融合、宜居宜业、绿色低碳、全龄友好的"明日之城"。《道德经》有云："道生一，一生二，二生三，三生万物。"传统城市建设的地面"一座城"，到如今的"三座城"同步建设，体现了技术创新下人类对于城市空间营造模式的升级，通过地上、地下、云端的协同发力，在更高的维度上，提升城市的活力，彰显城市的魅力，促进城市的持续发展。

城市思想家芒福德（2005）认为新一代文明必然有自己的城市；城市不仅仅是建筑的集合，而是各种密切相关功能复合体的容器，它贮存了人类的物质文明和精神文明。"三座城"分别承载并储存了城市不同的组成要素，从地上空间拓展到地下空间以及数字空间，从历史跨越现实并展望未来。三座城市的协同发展，将不断促进人的交往和人机互动以及城市的包容性发展。

"三座城"的联动建设会产生新的空间类型，代表着人们对于未来城市的想象。在这一过程中，要避免技术与产品驱动对城市空间魅力和人文特质的淡化。通用性的技术为城市带来便利的同时，也在一定程度上促成了"千城一面"的现象。应当积极发挥"云端城市"对包括非物质文化遗产在内的城市文化的贮存作用，在数字化空间中彰显城市个性魅力。应当认识到，数字技术和现实环境绝非静态的二元对立，数字城市的构建并不意味着实体空间活力的消失。应当通过"三座城"的协同，形成三元互促，促进城市创新建设模式的整合。通过现实城市与虚拟城市的互动，实现数字孪生基础上的虚实相生。"三座城"共同构成的未来城市体系，应当是自然、人文和社会要素的整合，分别从各自的角度来保障城市的社会公平和空间正义。

近日，成都出台了《成都市关于加快推进"三个做优做强"重点片区建设的若干支持政策措施》，提出支持重点片区优化布局，按照"地上一座城，地下一座城，云上一座城"理念，聚焦产城融合、职住平衡、生态宜居、智慧治理，制定完善导则、标准等空间管理体系。在具体的落地过程中，作为公园城市示范区中的"示范区"，重点片区是"三座城"建设的重要落脚点。需要以控规落地明晰"空间—功能—项目"关系，融合地上、地下和云端三个方面的项目建设，打造数字孪生、虚实互动的"三座城"体系。在实践中，应当规避 IT 产品导向，超越工具理性的逻辑，以更为宏观、系统和包容的视角，站在支持国家级创新中心建设的战略高度，为"三座城"建设制定顶层设计，明晰落地路径。"三座城"代表着现实与数字环境融合、虚实相生的通感城市。应当以场所营造而非信息化工程建设作为主线来串联组织"三座城"之间的相互关联，构建数字时代内涵丰富的空间场域。

重点片区与科创空间是城市物理环境和数字环境的重要叠合界面。在地上城市建设中，要推动新城新区的精明增长，以及老城区的精细化城市更新。通过新的空间形态，承载新的交往交互方式、新的经济业态，托举起城市级创新生态系统。通过片区综合开发，实现城区的环境改善、功能再造和能级提升，最终实现蝶变新生。在地下城市建设中，除了交通、市政设施的布局，还要考虑历史遗迹和文物保护。作为"十大古都"之一，成都的地下空间也承载了大量历史文化要素，应当平衡保护和开发的关系，合理彰显城市的文化基因。而云端城市的建设，不应止步于城市信息模型，而应通过全域自然和人文要素的数字化，打造内涵丰富的蓉城数字博物馆，实现城市生命力的延展。三座城市的联动，在时间与空间维度上丰富了城市发展的内涵，为历史上的成都与未来的成都提供了一个对话的平台。"三座城"的建设，是当代人类智识对于未来召唤的一种回应，也将成为天府文化系统的贮存、延续与再创造的工具。"三座城"需要凸显地域文化，彰显蓉城文脉，从地上、地下、云端多个角度体现出城市独特的性情与质感。对于生活在地上城市的市民来说，也将通过与数字和地下城市的互动，在精神层面产生新旧世界的共鸣。

第 10 章

**典型规划案例：崖州湾科技城
智慧城市专项规划**

Chapter 10
A Typical Planning Case: Special Plan for
the Smart City of Yazhou Bay Science
and Technology City

新时期的城市规划面临着创新发展的迫切要求，需要通过与智慧城市深度结合，为变化中的、不断智能化演进的城市空间提供全要素资源配置方案。本章以三亚市崖州湾科技城智慧城市专项规划为例，阐述了通过系列技术创新，实现智慧城市规划与空间规划和城市设计深度融合的实践路径。

10.1 规划背景

三亚市崖州湾科技城是海南自贸试验区重要的科技创新高地。在建设伊始，科技城管委会就与北京、深圳等地的 IT 与互联网公司对接，希望将智慧城市规划与科技城控规进行结合，实现新技术的"落图"与"落地"。但科技公司习惯于编制以产品而非公共政策为导向的信息化类智慧城市顶层设计，无法精准匹配业主的需求。面对城市信息化技术与设施落地的需求，城市规划和设计领域迫切需要探索出面向当下信息时代的智慧城市空间规划与设计体系，能够兼顾各类城市规划与智慧化顶层设计的要求，并真正指导城市建设与信息化建设的实施路径，同时，对原有标准规范等进行补充和扩展。笔者团队通过编制三亚市崖州湾科技城控制性详细规划的智慧城市专项规划实践，初步探索出一套融信息化技术与空间布局、开发建设管控为一体的新型智慧城市规划模式[1]。

作为国家级科技园区，崖州湾科技城的建设是有效落实《海南自由贸易港建设总体方案》规划，加快建设高水平热带农业科技与海洋科技的示范区标杆。在总体规划中崖州湾科技城被定位为"两区三地"，即生态文明的展示区、产城融合的先行区、承载农业硅谷的开放地、扩展蓝色经济的产业地、培养产学研的聚集地。

崖州湾科技城智慧城市专项规划，作为控制性详细规划的八个专项规划之一，从智慧城市角度落实控规内容，明确智慧设施布设要求，推动信息化工程与土地开发、工程建设结合，促进技术迭代和空间设计的融合，为控规和其他专项规划实施提供智慧设施和系统平台的有力支撑。

此规划同时也是承接崖州湾科技城总体规划的定位目标及空间布局，对接控制性详细规划的空间管控编制要求，并结合智慧城市国家标准规范要求进行

---

1 本案例所展示内容为概念性方案，非最终规划成果。

的创新性探索。通过融合 5G、物联网、大数据、区块链、人工智能等先进技术，针对崖州湾科技城产城融合的特点，以智慧化的手段助力"两区三地"的建设。规划在应用体系架构、保障措施等方面勾画崖州湾科技城智慧城市发展的框架蓝图与实施路线。通过对智慧基础设施项目建设提出空间落位建议，同时对各类智慧应用等明确分层级的空间管控要求，规划推动了信息化工程与空间营建结合，并面向城市的发展与技术迭代做出适当超前的预留，形成面向未来的智慧空间体系。

规划主要目标为：站在全面支持海南自贸港建设发展的高度，结合"两区三地"战略定位，兼顾当前和长远，统揽全局和局部，通过规划实现科技城的精细化、智能化建设和发展。具体规划内容涉及六大领域：搭建智慧城市技术框架、设计数字平台、制定产业培育引领方案、布局空间方案、建立近期项目库、面向实施的保障措施。整体规划技术路线如图 10-1 所示：

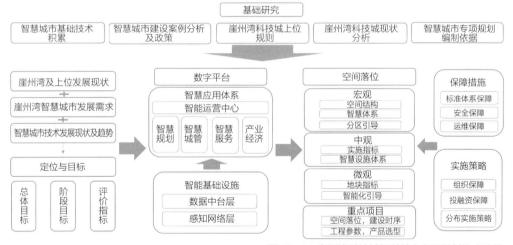

图 10-1　崖州湾科技城智慧城市专项规划技术路线

10.2　总体框架

崖州湾科技城智慧城市总体框架的设计充分考虑了技术、人与空间三大类要素的相互影响：在技术选型中遵循技术成熟度曲线和我国自主研发水平及发展现状，以应用场景为出发点构想城市规划、建设、管理、运营及更新的全生命周期各类场景，以观念创新、技术创新、场景创新、服务创新的理念推动新技术与城市各类空间和活动场景的深度融合，提出具有前瞻性的方案架构。在规划中以人的需求为出发点，兼顾城市中市民、企业、高校及政府等多元主体对未来城市生活的愿景和诉求，面向生产、生活、经营、管理等城市中的各类活动进行整合设计。总体框架的制定同时也要满足城市各类用地属性及空间尺度对数据采集、传输、计算及应用的落地需求。

崖州湾科技城智慧城市规划提出以"数据要素赋能""智慧场景牵引"为主线，通过 5G、物联网、大数据、人工智能等核心技术，由物联网平台、数据中台、业务中台和 AI 计算平台等数据平台组成崖州湾科技城数字孪生体系，进一步保障数据安全有序流动（图 10-2）。

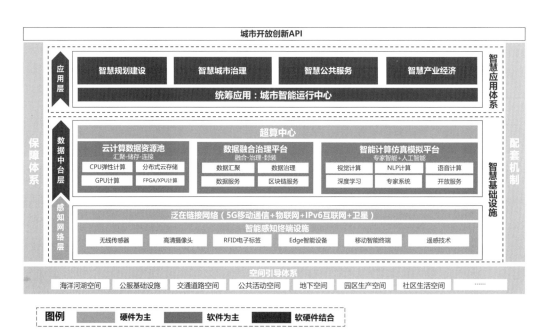

图 10-2　崖州湾科技城智慧城市技术架构

打造一网全景感知：根据城市中的各类活动及用地属性，结合智慧化应用场景梳理数据资源目录，明确数据采集内容与采集方式，界定数据感知与权属边界；合理规划数据采集设备类型与空间建设要求，充分考虑 5G、物联网等数据传输网络的布局；提出终端设施安全与网络设施安全防控体系建设原则与要求。

构建数智全域：依据管理及应用需求合理规划基础库、主题库和专题库等数据资源池架构；在充分对接三亚市数据中台的基础上设置崖州湾科技城的数据平台；突出人工智能的计算能力，构建开放动态演进的智能计算平台；保证数据平台技术架构的自主可控性，全方位实现数据存储与计算安全。

推动一体联动治理：构筑协同联动、平战结合的城市智能运行中心，形成数据全融合、状态全可见、业务全可管、事件全可控的智能一体化城市治理与服务模式。打造协同治理领导驾驶舱及应急指挥作战区域，为管网监测、园区运行、安防状态等建立专项指挥室，配套智慧化总控联动装置，与三亚市形成远程协同模式。

形成四大应用领域（图 10-3）：构筑面向规划建设、城市治理、公共服务与产业经济的四大智慧城市领域，以促进科技城产业高质量发展为导向，构建高效、灵活、持续演进的智慧崖州湾科技城应用体系，打造更加精细化、人性化、便捷化的宜居宜业科技新城样板间。通过了解崖州湾科技城各功能区的建设要求，设计面向未来的人居、工作、休闲等场景化应用。同时针对各类应用提出空间落位建议，并形成完整的建设管控思路。

崖州湾科技城应用体系以城市智能运行中心作为超级应用对规划区内的各类城市运行态势进行监测、管理和调度，同时横向统筹智慧规划建设、智慧城市治理、智慧公共服务、智慧产业经济四大体系。智慧规划应用体系包括数字孪生时空信息系统、智慧建筑综合管理系统、市政管网智慧监管系统、智慧工地综合管理系统、智慧能源综合管理系统等，根据城市的全周期、全时空、

图 10-3　智慧城市应用体系

全要素、全过程的管理要求，通过数字孪生时空信息系统实现城市规划、建设、运营、管理的全生命周期一体化综合监管。

智慧城市治理领域响应国家治理能力现代化的要求，呼应人民日益增长的对美好城市生活的需要，提出涵盖公共安全、生态环境、城市管理、城市交通、城市应急五大领域的城市治理体系，使崖州湾科技城实现治理能力智慧化、精细化、现代化的全面提升，建设全国乃至世界宜居水平、安全水平、生态环境、交通服务、应急能力一流的新型智慧城市标杆。公共安全综合治理系统包括崖州湾科技城构建统一的智慧市民数字ID体系、公共安全综合监管系统、消防安全监管指挥系统、生产安全综合监管系统。生态环境综合治理系统包括科技城生态环境治理"一网、一池、一图"的架构，即生态环境"一张网"、生态环境资源池、生态环境"一张图"的建设。城市管理综合治理系统包括建立统一的网格化管理机制与系统、环卫垃圾监管系统、渣土车综合监管系统等。城市交通综合治理系统包括综合交通智慧管理指挥系统、无人驾驶综合管理系统、物流综合管理系统等。城市应急综合治理系统包括智慧防汛综合管理系统、人防工程智慧监控体系等。

智慧公共服务应用体系包括智慧党建系统、智慧交通服务系统、智慧公园服务系统、智慧社区服务系统、智慧医疗服务系统、智慧教育服务系统、智慧文旅服务系统等。全方位打造人性化、智能化的公共服务系统，全面提升人民的获得感。

在智慧产业经济领域，结合海南自贸港要求，贯彻"新基建"产业发展布局，深度赋能崖州湾科技城"承载农业硅谷的开放地、拓展蓝色经济的产业地、培养产学研的聚集地"的三大定位，从园区产业招商、产业孵化、产业服务、企业监管、科研转化、展览展示等全链条出发，构建特色的智慧产业经济体系。

10.3 空间布局

在以往的智慧城市顶层设计以及城市规划中，往往只单独考虑数据及智慧化设施或空间要素，缺乏有效地将技术与空间相融合的方法。而新技术在城市空间中的应用往往会对空间规划及设计本身产生"颠覆性"的影响，甚至在后续城市的建设、管理、运维和更新等各环节都会因两者体系的无法兼容而产生各类矛盾，导致落地实施或管理方面的困难与挑战。

本次智慧城市规划意图通过技术架构的空间"转译"，在实践层面率先探索出信息系统与空间规划的融合及映射关系（图 10-4），并通过 BIM 模型、感知网络、数据资源、智慧应用、数字孪生平台等要素与手段的应用，串联起崖州湾科技城智慧城市规划、建设、管理运维及更新的全生命周期（表 10-1）。

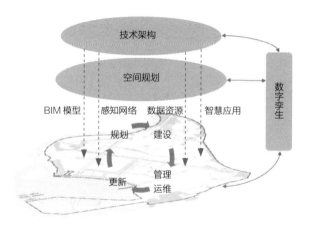

图 10-4 崖州湾科技城
智慧城市空间映射模式

技术与空间融合及映射关系　　　　表 10-1

	规划	建设	管理运维	更新
空间规划	结合用地属性、交通、管线管廊、海绵设施、地下空间、防灾等专项,对信息化设施及应用进行落位	为信息化设施的部署提供明确的落地依据,特别要促进城市能源系统与社会治理系统等关键领域的有效融合与协同发展	结合空间规划定期对智慧化设施及应用运行情况进行排查管理	空间预留的相关要求为设施更新及创新应用场景做出保障
BIM 模型	建设项目设计单位提交 BIM 模型	建设过程中参考 BIM 模型对建设进行动态管控	基于 BIM 模型对建筑运行状况及内部智慧化设施进行有效管理及维护	为建筑功能及内部各类设施的更新提供设计依据
感知网络	在空间规划的基础上依照物联网设备自身特性形成建设要求体系,同时对 5G、物联网等各类网络布局进行规划	依据网络空间规划及物联网建设要求在建设过程中提前进行布设,并对未来更新进行预留	通过实时收集环境、设施及人的活动数据,并通过 5G、物联专网等高速网络传输手段对城市建成环境的安防、交通、环境等运行情况做出快速分析	物联感知数据能够成为城市更新的仿真模拟基础,并能够结合技术更新进行自身的迭代
数据资源	提前规划基础数据库框架,根据空间类型、活动类型、管理类型等制定主题及专题数据库,同时对数据基础设施如大数据中心等进行布局	通过数据采集对建设是否符合规范,是否对周围环境造成影响等进行高效判断,同时在大数据中心本身的建设过程中充分考虑与其他应用及网络的衔接	通过物联网、互联网数据,政务数据,社会数据等各类数据资源,对城市运行整体态势进行研判,综合支撑城市各类管理、服务和产业经济活动	各类数据会成为城市体检、城市更新的重要依据,对城市治理、服务及经济发展的短板进行判断

	规划	建设	管理运维	更新
智慧应用	结合技术应用及空间属性和社会活动需求在规划中提前进行布局，充分考虑治理、服务、产业经济相关需求进行规划设计	建设过程中充分依据空间规划、感知网络布局及数据资源要求，提供标准接口以实现数据及应用的统一管理	能够通过大数据、人工智能等技术对城市管理及运维进行辅助研判，提高城市运维管理效率，减少人力成本，营造舒适的城市生活	根据用地属性和建筑功能的变化灵活调整并进行开放式迭代，实现适应城市未来发展的持续演进
数字孪生	率先录入城市地理空间信息数据、规划数据、BIM 模型等信息，形成数字孪生的基础框架	将各类传感器、摄像头、物联网等数据以及社会数据等信息接入，并对应精确地理空间信息，形成全市数字孪生模拟平台	将城市运行过程中各类专题数据，如人口流动、安防、交通、环境、城市管理、产业经济等，进行分图层叠加，对城市运行整体态势进行智慧化分析	根据各类数据及空间信息对未来城市发展进行仿真模拟，并对城市中可以进行更新优化的部分给出辅助建议

其中在空间规划层面，针对崖州湾科技城智慧城市建设要求，结合总体规划与控制性详细规划的功能与用地布局方案统筹其他专项的设施建设，团队独创性地提出智慧城市三级空间布局体系，在宏观、中观、微观不同尺度提出建设要求：在宏观尺度上依据崖州湾科技城总规与控规的空间布局与用地功能形成宏观智慧空间布局；在中观尺度上依据各单元划分对宏观智慧布局形成细化落位方案，指导实际建设；在微观制度上依据各地块用地属性对开发红线内智慧化建设提出管控要求。

对于贯穿技术架构、空间规划及城市全生命发展周期起到关键作用的是数字孪生平台。崖州湾科技城将通过数字孪生时空信息系统实现城市规划、建设、运营、管理的全生命周期一体化综合监管。数字孪生平台将融合政府规划信息、现状卫星影像数据、区域内各类传感器与部件的统一接入，实现规划落位的精细化监督、全时空的城市运行监测以及一站式规划建设受理审批。规划要求各类公共建筑工程向科技城管理局提交 BIM 模型，鼓励其他商办楼宇、住宅的规划设计采用 BIM 并提交模型。模型可用于科技城规划建设阶段的项目审批管理与后期的运维监控。同时通过借助崖州湾科技城海量数据的实时融合计算与人工智慧的仿真能力，实现未来城市建设演进的模拟研判，科学地为各类决策提供支持。

智慧城市的空间规划实践是智慧城市建造运营的前置抓手。崖州湾科技城智慧城市专项规划在空间方面作了落地的初步尝试。项目主张城市基础设施智慧化地空间覆盖并贯通互联，提出了"全局、全线、多元、集成、预留"的智慧城市空间管控策略（图 10-5）。

"全局"即空间的全面覆盖，十个控规单元实现相应的智慧设施服务覆盖。构建崖州湾科技城的 5G 网络与物联网，实现区域的全局万物互联，搭建空间的数据库；结合数据分中心将"智慧"可控、可扩展地引入科技城空间。

"全线"即网络的融合布局，结合近期"六横六纵两组团"路网建设，指导智慧设施和公共服务全线布局。以总规分期建设时序为时间轴，以控规和其他各类专项规划为空间布局依据，打造崖州湾科技城从平

□ 全局：空间全面覆盖

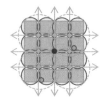

- ● 指挥运营中心
- ○ 数据分中心
- ○ 数据汇聚单元

□ 全线：网络融合布局

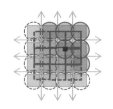

- ■ 近期重点项目
- ● 近期项目网络
- ○ 远期项目网络
- □ 近期项目管线
- ⬚ 远期项目管线

□ 多元：服务端口多元

- ■ 通信网络基础设施
- ■ 生态环境感测设施
- ■ 公共管理感测设施
- ● 公共服务感测设施

□ 集成：管控网络集成

- ● 指挥运营中心
- ■ 分布式智能设施
- □ 智能设施集合载体

□ 预留：动态演进预留

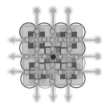

- ⇢ 管网/电缆预留
- ● 指挥运营中心
- ● 杆件挂载预留
- □ 智能设施集合载体

图 10-5 空间管控策略模式图

面到立面空间全线、多重设施网络和数据的汇聚模式。

"多元"即服务的端口多元，通信网络、生态环境、公共管理、公共服务等不同板块所需的传感器多元协同。以实际空间数据汇聚单元为基本切入点，形成智慧应用及智慧设施的空间技术框架。提供不同级别、不同功能的端口接入服务。

"集成"即管控架构的集成，由总体架构指导数据的空间应用，由重要智慧设施（智慧综合杆）集成不同功能进行布局。以区域核心和"五网"基础设施为骨架，并以城市智能运行中心为核心，构建科技城复合、创新的多功能智慧组团。

"预留"即动态演进的预留，对智慧设施监测、控制配件安装提出空间管控要求，为未来需求提升预留空间。在智慧管网中预埋监测传感器、智慧管廊，预留监测设备空间；对道路上各类杆件、机箱、配套管线、电力和监控设施等进行集约化整合规划，为未来拟挂载设备预留资源。考虑为分期设施建设预留空间，便于智慧设施接入用地功能组团。实现设施共建共享，互联互通。每年根据收集的业务需求对智慧设施布设规划进行滚动修编。

实现智慧城市构想需要顶层设计框架和城市空间规划设计的引领。崖州湾科技城智慧城市的空间布局体系是在科技城智慧城市建设指标体系和空间管控导则统一管控之下的，由技术体系和空间管控共同支撑的空间落地实践（图10-6）。基于空间导向的规划技术路线既可以呼应顶层设计架构，也能够在规划中融合控规和其他专项规划的要求，实现分类、分级、分时导向智慧城市空间的建设实施。

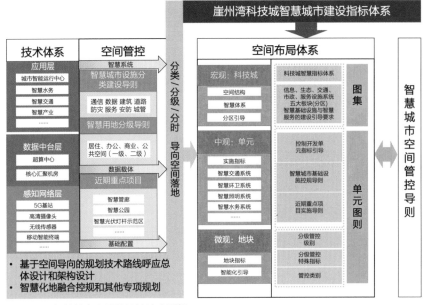

图 10-6 智慧城市空间落地的技术框架

1. 宏观: 智慧空间结构与多元智慧体系布局

崖州湾科技城在宏观上依据总规与控规的空间布局与用地功能,结合智慧城市发展策略与建设目标,提出了"一核、一轴、一带、多点、五区"的智慧化空间结构(图 10-7),以集中智慧公共服务的先行示范区为核心,打造贯穿城市的智慧生活景观轴,助力科研形成智慧发展带,并以多个近期重点实施智慧项目,如超算中心、城市智能运行中心、智慧会展中心、智慧公园等,对应五个不同的片区提供特色定制化的智慧服务。

宏观的城市空间智慧化是基于城市各个子系统的综合性方案。通过与防洪排涝、交通、市政、海绵城市等其他八项专项规划的对接,深度分析崖州湾科技城的智慧化空间需求,构建崖州湾科技城的智慧系统体系,包括:信息基础体系、生态海绵体系、交通体系、市政环卫体系、综合防灾体系、安防和城管体系以及公共服务体系。不同的智慧体系对智慧化的需求在智慧城市专项规划中进行衔接、集成与动态交互。每一个智慧体系遵循其所在领域的运

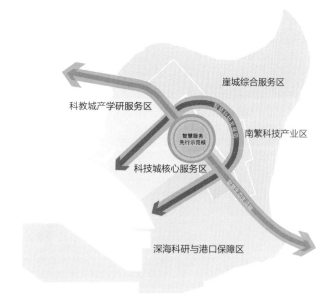

图 10-7　崖州湾科技城智慧城市空间结构图

行逻辑进行规划，通过信息基础设施进行物理空间的联系及数据渠道的搭建。

构建崖州湾科技城实时感知、高速互联、智能计算的数字底板，在传统园区建设"七通一平"的基础上增加"感知数据"，打造城市级智慧基础设施体系。信息基础设施规划，按照"多规合一"的管理要求统一纳入 CIM 平台实施管控。以智慧信息基础设施作为空间规划基础，依据公共服务设施用地规划对数据及网络密集区（图 10-8）进行判断；根据供电工程规划及通信工程规划判断片区级汇聚机房点位；根据居住生活单元规划明确社区级机房节点并按照密度要求布设 5G 基站，依据道路级别规划通信管线、管孔数量。

在信息基础设施、智能中枢超算中心及网络体系的支撑下，智慧生态和海绵设施、智慧交通设施、智慧市政设施、智慧防灾设施、智慧安防和城管设施等各类智慧设施体系（图 10-9）在科技城的宏观尺度上进行构建，赋能科技城多领域、全场景的智慧建设与治理。

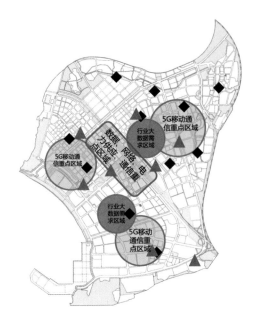

▲ 片区级汇聚机房意向点位

◆ 社区级机房意向点位

图 10-8 崖州湾科技城智慧设施布局分析

━━ 主干路双侧对称布设路段

━━ 主干路双侧交错布设路段

── 次干路双侧对称布设路段

── 次干路双侧交错布设路段

── 次干路单侧布设路段

━━ 智慧街道光伏杆示范路段

　　智慧照明控制区域

◉ 照明管理分中心（街镇管理中心）

★ 综合杆及照明监管调度中心

图 10-9 崖州湾科技城综合杆布局

2.中观：开发控制单元智能化策略与设施落地

开发控制单元是控规中一个重要的管控尺度，也是在智慧城市规划的过程中能够起到承上启下、落地实施作用的重要环节。崖州湾科技城的中观智慧空间是依据开发控制单元来分解宏观智慧布局的具体管控及引导要求，形成细化智慧建设项目落位来指导实施。10个开发控制单元的管控和引导要求主要针对智慧城市信息基础设施、生态水务设施、交通设施、市政管理设施和安全治理设施等。同时，通过对崖州湾科技城总体指标进行分解，差异化地引导各个单元的智慧城市建设（表10-2）。

开发控制单元智慧城市指标分解（以YK-01和YK-02单元为例）　　表10-2

单元编号	主要功能	指标指引			
		信息基础	公共服务	城市治理	数字经济
YK-01	公共服务、高端商业	城市家庭（企业）宽带接入能力1 Gbps；热点区域高速室分5G网络覆盖率100%；窄带物联网接入覆盖率100%	医疗服务信息共享率80%；公共交通信息系统MaaS覆盖率70%	大型公建、学校、政府机关消防信息实时在线100%；重点领域环境监控服务体系覆盖率100%；社会视频监控资源向公安整合率90%；大型公建、学校、政府机关应用BIM技术开发、建设和运维80%	企业信息化普及率指数100%；运用信息化手段实现节能减排的企业比例100%；智慧驾驶应用路段里程5 km
YK-02	教学科研	热点区域高速室分5G网络覆盖率100%；窄带物联网接入覆盖率60%；城市家庭（企业）宽带接入能力500 Mbps	数字校园建设覆盖率80%；医疗服务信息共享率70%；路灯、垃圾箱等社会服务基础设施统一编码70%	大型公建、学校、政府机关应用BIM技术开发、建设和运维80%；社会视频监控资源向公安整合率80%；大型公建、学校、政府机关消防信息实时在线70%；重点领域环境监控服务体系覆盖率70%	运用信息化手段实现节能减排的企业比例100%；企业信息化普及率指数50%；智慧驾驶应用路段里程10 km

信息基础设施管控及引导内容，包括互联网及物联网的骨干光缆布设、城市智能运行中心的建设要求等；生态水务设施的管控内容，包括智慧公共空间

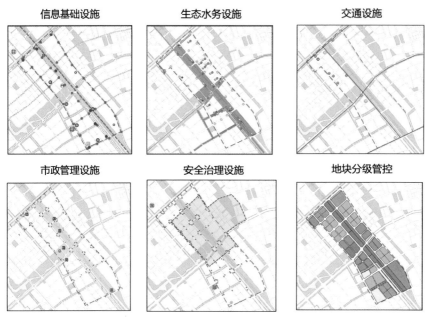

信息基础设施　　　　生态水务设施　　　　交通设施

市政管理设施　　　　安全治理设施　　　　地块分级管控

图 10-10　基于控制开发单元的智能设施布局规划（以 YK-01 单元为例）

的基础设施、服务设施及运营管理设施的配建要求；交通设施管控内容，包括智慧驾驶线路、路侧单元部署等；市政管理设施，包括综合杆系统供配电要求、道路布局及无人清扫的配建要求等；安全治理设施，包括安防、人防、城市治理的综合预警、应急、救灾等服务。在项目中，对每个单元的主要功能进行重点设施的指标引导，例如 YK-01 单元主要承担了公共服务及高端商业功能，对其提出了窄带物联网介入覆盖率 100%，大型公建、学校、政府机关应用 BIM 技术开发、建设和运维 80% 及智慧驾驶应用路段里程 5km 等相关的建设建议，为中观尺度即城市管控单元的建设提供具体指引。

智慧城市专项规划通过单元图则的形式对单元内各类智慧城市设施建设项目提出管控要求，按照开发建设原则规划单元内智慧城市的建设项目，同时明确单元内提出的设施建设需求其相应的管控要求。智慧城市单元图则对各开发控制单元智慧基础设施空间布局进行统筹管控，包括地块分级管控、信息

基础设施、生态水务设施、交通设施、市政管理设施、安全治理设施的管控等（图
10-10）。

其中智慧城市单元管控的核心是在传统城市建设"八通一平"的基础上增加"信
息通"或"智慧通"，从而构建城市建设"九通一平"。尤其针对新城新区
建设，单元图则能够对信息基础设施重大项目，例如核心汇聚机房、宏基站、
智慧灯杆等进行建设管控，对于后续建设具有重要指导意义。

3. 微观：地块级智慧开发及建设管控索引

城市微观尺度一般是指城市中尺度较小的空间节点，而站在城市空间规划的
角度而言，通常选取道路划分出来的地块作为微观管控单元。在智慧城市的
微观空间管控上，规划尝试根据地块所在开发控制单元的定位和项目的落地
需求进行分类分级，可分为七大类共十四级智慧城市建设地块。并结合现状，
以"字典"的形式进行通信机房、建筑智慧化、无人车辆、防涝防洪、无人售卖、
治安监控等管控索引。七大类包括居住类、办公楼、商业类、公园绿地类、
产业类、市政设施类和教育科研类，每一类又分为一级、二级或进行功能细分，
作为地块开发的管控要求，纳入土地出让条件（表 10-3、图 10-11）。

地块智慧开发和建设索引表　　　　　　　　　表 10-3

功能分类	管控分级	适用空间
居住类	居住一级（强制）	高端智能化（商业配套）住宅、幼儿园
	居住二级（强制）	普通住宅，已建成住宅区及配套智能化改造
办公类	办公一级（强制）	（新建成）全面智能化甲级写字楼
	办公二级（强制）	政府机关、乙级写字楼，具备基础智能办公系统
商业类	商业一级（强制）	高端商业区（建筑面积大于 2 万 m²）
	商业二级（强制＋引导）	普通商业用地（建成区智能商业区改造）

功能分类	管控分级	适用空间
公园绿地类	公共空间一级（强制）	城市广场及智能化配套设施、大型公园绿地休闲空间
	公共空间二级（强制＋引导）	微型城市公园、社区绿地
产业类	物流仓储类（强制＋引导）	物流仓储用地，智能物流全覆盖
	工业产业类（强制＋引导）	工业制造用地，工业物联网及智能制造基础设施
市政设施类	市政设施一级（强制）	重点区域设施、危化市政设施，智能设施运营监测
	市政设施二级（强制）	普通市政设施智能化
教育科研类	高校科研类（强制＋引导）	提供智能化科研及高等教育设施，配套综合设施
	中小学类（强制）	数字校园及智能化安全保障

居住一级　　公共空间一级

居住二级　　公共空间二级

商业一级　　市政设施一级

商业二级　　市政设施二级

办公一级　　中小学类

办公二级　　高校科研类

物流仓储类（产业区）

工业产业类（产业区）

图 10-11　智慧城市地块分类分级管控规划图

10.5 实施引导

1. 近期项目建设

智慧城市近期项目的选取应以急用先行，亮点突出为主要原则。综合考虑地方投融资模式及业主单位智慧城市建设分步实施、逐步推进的具体需求，从而以一批技术可行、模式清晰、需求明确的重点项目作为近期的建设要点。

近期建设项目选取主要考虑建设策略及目标、总体架构设施及意向落位等维度。崖州湾科技城以支撑智慧可持续的生态文明展示、数字经济与智慧宜居融合发展先行区、智慧海洋经济的产业地、智慧农业的开放地、"智慧+"产学研创新生态聚集地等总体策略为首选考虑要素。以下是几个近期谋划的重点项目举例。

城市智能运行中心：是实现城市高效运营、科学治理和人性化服务的智慧中枢、服务平台和展示中心。城市智能运行中心承担着将智慧城市的管理运维环节在实体空间中进行集中处置及决策的重要功能。其主要功能包括：

①实时监测城市总体运行状态、综合指标体系落地实施情况监测、应急事件发现与协同处置；
②城市生态、人口、用地、经济等发展分析，功能区关联影像分析；
③城市未来发展演进模拟分析；
④统筹管理科技城及产业园区的各类资产及基础设施，楼宇经济测算等。

智慧无人驾驶示范道路：在空间规划层面提前考虑与无人驾驶相适配的车路协同技术，梳理出路侧设备的部署方案及相关标准，并提出规范各类厂商的准入原则，保障未来高级别无人驾驶的示范落地。智能感知基站是车路协同中的核心节点，通过融合路侧单元的通信功能和接入 5G 网络，融合包括高清摄像头、激光雷达、微波检测器、信号灯数据接出设备和路侧通信单元等，全天候综合感知路面交通状况。将车与周边的交通元素（人、车、路）连接并形成互动，使车辆获得更丰富的信息，能够在黑夜、非视距等多场景下做出更为精准的判决。

智慧公园：通过智慧公园系统的建设，塑造有温度、能互动的智慧公园 IP，形成科技城特色景观标志，打造崖州湾科技城管理精细化、景观互动化、能源清洁化、环境感知化、养护自动化的智慧公园体系。在定位上，智慧公园服务于周围科教研发的科研院所及高新技术企业，作为日常休闲放松的"绿核"，同时也是智慧化互动装置的集中展示窗口，为市民提供生动、立体、鲜活的全新公园体验。在规划中要求智慧公园通过统一标准提供数据接口，为未来不断涌现的智慧化景观互动与管理场景提供扩展空间，同时方便崖州湾科技城的统一管理；在空间落位上，规划对安防系统、标识系统、环境感知系统、自动喷灌系统等都提出了建设规范，以指导智慧公园的落地。

智慧社区：在崖州湾科技城新建社区内构建智慧社区管理服务体系，包含智慧感知、数据机房、应用系统等内容。为社区群众提供安防、商务、娱乐、教育、医护及生活互助等多种便捷服务的模式。通过采集、挖掘、分析社区内物联网感知数据，为公安、消防、环境、综治等业务提供社区安全专题分析服务；针对智慧化社区的特点，集成物业管理的相关系统，如停车场管理、门禁系统、电梯管理、远程抄表等。

2. 景观风貌

智慧城市的规划需要融入城市的物理空间，因此，同样需要对智能设施进行景观风貌的引导。对于规划的超算中心、城市智能运行中心、AI 科研中心、数据中心等建筑，建议采用空间形象独特鲜明、与生态环境和谐发展的构筑物形式，充分实现对周边滨河、滨海等环境的融合。建筑物外部表达出科技感和现代感，内部则通过利用自然光线、过滤光等方式达到节能减排的效果，综合打造崖州湾科技与人文并行的建筑风貌。智慧公园与智慧街道的智能感知设施结合城市家具或公共艺术装置可作为"引爆点"，通过智能互动景观装置与周边环境的结合形成智慧城市界面。如三亚宁远河商业界面采用突出历史文化、滨河商业特色的公共空间互动装置。

3. 动态预留

考虑到空间的持续动态更新，智慧城市专项规划综合研判城市发展的空间需求及智慧城市未来技术的飞速发展，从地下空间、地面空间、建筑空间及对技术发展的预判几个方面进行动态"留白"设计。例如，在地下空间的综合管廊建设规划阶段预留扩建空间及管道布设空间；考虑重点项目发展需求，统筹通信管道预留；地面空间的城市绿化等地块可以考虑部署智慧灯杆，同时方便下挖建设新智慧设施；建筑空间内部根据未来人口增长数据预留机房、交换机位等设施空间，为未来智慧"插架"提供弹性适配；技术发展方面则考虑下一代移动通信技术、量子通信、光传播网络、智慧驾驶技术（L4 级无人驾驶大范围应用）、芯片技术、材料技术等对空间的影响，进行动态的评估和迭代。

4. 操作手册

智慧城市规划为崖州湾的开发建设提供了一份"操作指南"——《地块智慧设施建设指引》。基于这份指南，可结合控规的实施，将智慧城市建设管控要求纳入土地出让条件附件。《地块智慧设施建设指引》根据地块定位及项目落地需求，结合地块现状控规用地分类，分级管控地块内智慧空间建设与智慧设施落位，以支撑各地块基础设施建设及智慧城市相关项目落地。随着智慧城市专项纳入精细化城市设计图则，城市设计图则又纳入了控规修编一并报批。智慧城市专项规划成果生成《地块智慧设施建设指引》，作为具备较强实操性的工作指南，其为土地开发和项目建设提供了重要的智慧化技术指导。

5. 保障机制

规划构建了个性化的标准保障体系。通过参考现行国标、地标，基于国标框架及先进案例，并结合科技城现状、建设时序和重点工程安排，构建了科技城智慧城市标准体系。标准体系编制工作采取分步骤实施的方式推进，基于科技城实际需求，注重把握急需急用与后续标准的关系、新编与已有标准的关系、先进超前标准与技术和产业实际现状的关系，提出了近、中、远期标准体系实施的工作内容。

规划构建了强健的运维保障体系。完善基于物理、网络、平台、数据、应用、管理的六层立体安全防护体系。强调落实信息系统安全等级保护、涉密信息系统分级保护及风险评估制度，并定期开展信息安全风险评估和安全测评。

10.6 实施成效

崖州湾智慧城市专项规划取得了良好的实施效果。自规划实施以来，智慧城市专项规划统筹了包括中国联通、中国电信、华为、科大讯飞、中兴等知名企业在内的数十家厂商参与科技城的各领域智慧城市建设实施工作，有效规避了垂直领域各自为政、小而散乱和"数据孤岛"的信息化建设问题，同时避免了信息化工程与土建工程脱节"两张皮"的建设模式。通过智慧城市专项规划的顶层引领，各类硬件设施和软件平台按照规划时序展开建设布局。

在智慧城市专项规划的指引下，崖州湾科技城近年来在智慧园区建设上取得重大进展。科技城在2022年度海南自贸港营商环境评价重点园区中排名第一。园区打造了"N个智慧平台"，加速企事业单位创新发展，为入驻园区的企业、高校和科研院所的科技创新活动持续提供了可共享、低成本、标准化、智能化和便捷化的服务。2023 年崖州湾科技城入选由全国信标委智慧城市标准工作组牵头组织编制的《智慧园区优秀案例集》，成为 13 个全国优秀园区案例之一。崖州湾科技城智慧城市专项规划也荣获海南省"2023 年度优秀国土空间规划设计奖"一等奖。

10.7 小结思考

在城市空间规划与智慧技术融合的道路上，崖州湾科技城只是一个起点。在未来，将信息技术与建筑、景观、交通进行更深度的集成，形成更完整的整合性空间设计策略是城市规划的大势所趋。数字技术在空间规划中的发展潜力是巨大的，也将为未来城市建设注入新的驱动力。以智慧城市为特色的新城新区规划，可以理解为一种以场景为驱动的未来生存方式的原型探索。规划师、建筑师们和信息化技术人员的合作，体现了市场对于未来空间塑造的展望，也是可持续视角下城市研究的必经之路。可以从许多智慧城市案例中看到考虑未来交通运输模式的道路系统、富有创意的地标建筑与街区模式、高度混合及具有弹性的土地利用模式、新型建筑材料与可持续基础设施的应用、泛在感知网络的建设等。针对公共空间，需要强调创意和创新为导向的交互性：人与人、人与自然及人与机器。特色的空间建造可以强化主体在物理环境中的可识别性，通过这种基于最新交互方式的场所营造，能够生成具有科技特征和个性化魅力的场所精神。

第 11 章

思考：智慧城市与规划的未来

Chapter 11
Reflections on the Future of Smart City
and Urban Planning

莎士比亚的戏剧作品《暴风雨》中有一句话："凡是过去，皆为序章。"当前以人工智能为代表的技术变革的奇点临近，我国的城镇化也正面临着关键拐点。城市规划行业当前正处于深刻的转型期，我们必须重新审视规划的本质，思考物质空间与数字空间之间的关联。倪锋（2023）旗帜鲜明地指出："空间非物质化已成为长在空间物质上巨大的蘑菇云……生活的非物质化和虚拟化已成趋势。但行业的空间经验和视野，骨子里还局限于物质空间本身，对非物质空间的不断成长不知所措，既怕丧失跟进新发展带来的机会，又怕丢失了自身的专业基本。房地产经济环境的巨大变化，使我们已然没有大发展时期试错的勇气。最后环顾四周，怅然若失。"城市规划迫切需要通过变革，为不断数字化的城市提供科学、精准的空间资源配置方案，并推动城市的创新升级。本章将对智慧城市前沿方向以及城市规划行业转型与变革进行探讨。

11.1 从智慧城市到未来空间

空间是本书一以贯之的论述视角。站在这个角度观察，智慧城市并非对城市空间原型产生了一种形态上的简单、直接的颠覆，而是推动其进行深层次以及更高维度的演进。知识社会学的创始人卡尔·曼海姆（2014）说过："今天的乌托邦很可能变成明天的现实，各种乌托邦常常不过是早产的真理而已。"新的城市地景正在涌现，在今天看似过于前沿的智慧新城与未来社区的探索，很可能成为未来的主导趋势。在历史上，学者们曾提出过各种理想的城市空间模型，如田园城市（霍华德，2010）、赖特的广亩城市（Wright，1932）、光辉城市（柯布西耶，2011）等，均以具象化的几何原型作为表现形式。这种建模方式不足以概况数字时代城市动态多变的丰富内涵。相比于一种静态模型，智慧城市更像是一个动态开放系统。事实上，在人的尺度并没有产生变化以及房屋建造技术并没有根本性变革的前提下，智慧城市模式下的城市空间的演变并非是对现有空间模式进行一种全然不同、异想天开的颠覆性替换。我们需要将对空间原型的探讨转移到技术对人的行为变化的研究上来。当前以 ICT 为核心的智慧城市技术改变了人们的时空行为特征，对此的研究和总结，恰恰是未来空间城市营建的基础经验。

许多关于智慧城市的著作都把巴塞罗那作为优秀案例进行研究（汤森，2014；瓜里亚尔特，2014），并探讨该城市在历史上的规划前瞻性、在城市发展中持续应用先进技术，以及对人性化城市营造的重视。巴塞罗那在城市营造方面的风格特色引领了不同时代，并不断把各个时期的新兴技术与自身的文化传统和艺术风格相结合。这种开放式的文化与技术生态，是推动城市文明延续与发展的良性模式。智慧城市不应与城市营造传统脱节，物质环境与数字环境两者都需要得到充分发展，相互促进、共同繁荣。数字时代的场所精神、人对于空间的多维感知、时空的压缩、虚实交互的恋地情节等，都需要创新型的空间设计进行回应。这需要将人工智能与人本智能形成共振，更需要融入地域性的传统营城智慧。"理论是灰色的，而生活之树常青。"[1]成功的城市，永远是富有生活与人文气息的城市。因此，要将未来新城打造为人本尺度、具有良好的可达性、创新功能与景观融合，能够带给人丰富空间体验感受的城市。宜人的品质不仅意味着对地域特色的传承和当下的活力，也意味着人居智慧面向未来的持续演进。王伟等（2022）提出人民城市与智慧城市形成互构体的中国特色未来城市模式：以人的需求为导向，通过技术赋能实现城市空间资源的合理配置与利用，为城市居民营造软硬件良好的环境，同时也兼顾社会环境与制度环境的建构。

对智慧城市背景下城市未来空间变革的研究是支持智慧城市空间规划与场景营造的基础学理。重要的是，需要开展关于空间变革机制的讨论。新技术驱动城市空间的变革需要超越决定性逻辑框架，采用非线性和后现代的模式去理解空间的异化和重构。在个体感知与行为上，需要进一步考察个体视角的心理认知和互动方式的改变，以及这些改变对空间感受、使用特征与效能以及与环境互动的影响。数字技术在其中充当了媒介与界面的作用。

在研究方法上，城市数字规划研究特别需要在基于海量数据的量化方法与城市中的其他认知和行动方式间取得平衡（麦奎尔和蒋效妹，2023）。在与计算机科学、人工智能等展开跨学科合作，共同拓展空间计算与社会计算能力的基础上，要重点进行两方面的探索。一方面要积极融合人因工程、认知神经科学、脑科学和人工智能，在新数据环境下，基于生理传感器、脑电监测、虚拟现实等各种技术，通过人本感知数据和人因工程实验数据，来进行数字环境对人的空间认知及对物质空间使用的影响的实证研究，以建立相关学理基础。另一方面是人文主义地理学的视角研究。这类研究需要对人文主义地理学进行数字时代的进一步解读，考察空间性、地方性以及人与环境之间的依恋情感等在数字时代的拓展，并结合技术哲学的逻辑产生新的空间思辨。这两方面反映了质性研究与定量研究的均等重要性，就像是技术和空间在智慧城市内涵中的关系那样，两者就像硬币的两面，不可偏废。

---

1 出自歌德的诗剧《浮士德》。

11.2 对智慧城市空间规划与场景营造的再思考

1. 跳出狭义信息化的局限

跳出狭义信息化的局限是本书一再强调的核心观点。智慧城市规划应该基于技术、空间、社会等多方面要素，更全面地把握其丰富内涵形成整合式范式。应当借鉴安东尼·邓恩与菲奥娜·雷比提出的"预测性设计"——将设计过程作为重新定义人类与现实关系的催化剂，以及巴克明斯特·富勒提出的采用系统方法进行设计的全面超前设计科学（comprehensive anticipatory design science，CADS）[1]。本书尤其倡导基于吴良镛先生关于人居环境科学的理念，将智慧城市规划视作在数字时代人居环境整合性构建的框架。类似于可持续发展框架并不是局限于生态规划之中，而是在各个规划中都可以体现，并随着时代的发展不断拓展其内涵。这种观点不仅将智慧城市规划视为一种专项工作，更强调了其作为整体规划理念的转变以及内容拓展的触媒。

新型智慧城市规划应该摆脱仅以数字化、智能化为核心的单一技术支撑或专项规划范式。这些技术应当全面融入规划设计的整体故事线中，以构建符合数字化转型时代背景的规划叙事。这样的设计将有助于打造一个全过程数字化闭环，创造具备空间基因的智慧城市营建模式。

近年来，从公园城市到儿童友好城市，从健康社区到完整社区，伴随着不断涌现的新发展理念，我们的城市在见证着更加绿色、包容、健康的发展之路。城市建设向更加贴合人本需求的建设模式转型。城市发展的话语体系从宏大、刚性的方向，向人性化、柔性的方向转变。在这样的背景下，重要的是从空间视角对过去的技术狂潮进行审视和反思。未来城市规划的思考并不仅关乎数字化技术的发展，而是智慧城市中"智慧"内涵逐渐丰富的过程。这一丰

1　转引自拉蒂，克劳德尔.智能城市 [M]. 赵磊，译 . 北京：中信出版社，2019.

富性涵盖了更广泛的方面，也将不断塑造着智慧城市规划的未来形态。未来的城市规划可能本身就是智慧城市规划与空间规划的叠合。

2. 地域性、个性与美学价值

智慧城市的空间构建并非基于固定的单一模式，而应结合当地地域特色进行多样化打造。伴随着城市数字化发展的应该是个性化发展。就像"法无定法"一样，智慧城市空间营建绝非提出一套"大一统"的范式，而是形成灵活、多元的工具集，以促进城市文脉的创新性延续。新要素必须渐进、融合地植入空间，助力城市更新与绿色、健康、全龄友好等新兴理念融合，形成动态的综合性解决方案，营造各具特色的城市空间。各个城市也应探索切合自身实际的模式，结合地域文化特色，进行适应新技术未来趋势和场景的空间改造，包括面向数字交互的公共空间改善和活力提升、促进各类用地的功能业态更新、构建面向新经济的城市新形态等。

在 20 世纪柯布西耶推广代表着工业文明的新建筑时，不仅着重强调了技术本身，更强调了其美学价值。他认为"居住机器"所呈现的新的建造工艺，和轮船、飞机、汽车一样，是现代美学的体现，代表了工业文明的时代精神和审美取向。将新技术与城市建设相结合，不仅是为了实现技术的应用，更是为了创造具有美学价值的新建筑（Corbusier，2007）。同样地，智慧城市也应当体现美学价值，智慧城市空间规划和场所营造也应对景观风貌和审美进行引导。在数字时代，交互设计的心理因素定义了人居环境的美学价值。这并不仅限于对信息技术软硬件、交互界面外观美学的考量，还包括与传统城市营造美学的融合。这种综合考量有助于避免高新技术与低质量人居环境结合而产生赛博朋克式的不良结果。因此，智慧城市的发展不仅要注重技术的应用，更要关注与美学价值和文化基因的有效融合。在技术性架构上要体现思想深度，并与设计学科的演进深度结合，构建功能效率、形体构成、美学价值和哲学思想的联动机制。

3. 公众参与和城市创新平台

ICT 能从多方面共同促进人对参与公共事务的积极性的提升，在以人民为中心的城市建设中，能体现出巨大价值。通过数据和信息的众包，可以促进电子参与（e-participation）。智慧城市规划不仅仅是一种规划，在文本和图纸之外，也会在空间与社会构建的过程中起到作用：作为公众参与的平台和社会创新的平台。自上而下的智慧城市空间规划与自下而上的智慧场景营造结合，可以作为公众参与的重要平台。瓜利亚尔特（2014）提倡城市协议（city protocol）：城市与企业研究机构合作"创造一套新兴城市治理框架"。新技术可以推动数字时代的居民参与到空间规划与营造过程中，共享、开放、众包和众治的要素，与现代公民社会的思想是高度契合的。通过众包参与城市规划、城市研究和政府决策，能够使公共政策制定基于分享数据来进行，并且对公民参与公共事务进行回报和鼓励，是公民社会人本主义和多元开放的价值观体现。智慧城市应当激发市民新的想象力，并为之提供更多的可能性。通过这样的形式，可以实现城市共同治理，以应对未来的高度不确定性。

智慧城市空间规划与场景营造可以看作城市规划与设计和场所营造在数字时代的演进与拓展，并将充分链接设计、建造和运营的全过程。智慧城市将以复合场景为载体，充分发挥泛平台作用，融合绿色、健康、低碳、活力、全龄友好等各类城市发展的先进理念，积极探索面向未来的空间变革模式。科技与创意群体的创新思想，在实体空间和数字空间互动，最终在城市这个"超媒体"得以整合。科技与创意能够超越空间与时间的维度，打破静态的物理性体验限制。城市实验室得以进一步变革，使城市成为"创新雨林"。

11.3 从智慧城市视角看城市规划变革

1. 城市规划行业

当前的城市规划行业面临巨大变革。随着人口红利消失、土地财政难以为继，传统城市扩张幅度减弱，传统市场逐渐萎缩。城市规划行业将在今后一段时期面临严峻的形势，创新和转型成为大势所趋。城市规划行业的转型，不仅与我国宏观经济形势和城镇化发展阶段有关，更与智慧城市变革下城市数字化转型密切相关。无论如何，科技在改变着城市，数字化浪潮几乎已经不可逆转。对于城市规划而言，其面临的一个重要问题是将科技排斥在思考之外且无动于衷？抑或是将其纳入城市规划思考的体系并积极进行干预？这是一个时代转折中的核心问题。

乔布斯提出"跳出盒子想问题"（think out of the box）理论，认为通过创新手段来解决问题必须跳出原有体系框架，通过进入新领域而实现新的发展。正如致力于研究和预测未来的学者《失控》的作者凯文·凯利（2016）所提出的，"颠覆性的竞争都来自行业之外"，跨界融合将成为新经济的核心驱动力。互联网的出现颠覆了信息的展示、承载和传递方式。基于互联网和移动互联网的新的文化创意形式和新媒体不断涌现，信息经济企业边界逐渐模糊，商业组织形态正在颠覆。而承载信息流的未来的媒体是混合式的：需要打造跨平台产品矩阵，以内容为核心、以用户为导向来促进服务增值、业务连接与转化。在城市规划及相关领域，创新要素并非作为孤岛而存在，而是在多样业务组成的价值网络中形成互动，通过跨界整合和核心的城市规划业务形成更紧密的结合，推动城市规划的创新要素走出规划圈，直面信息时代城市演变的核心价值。

城市发展进入存量时代后，商业逻辑和运营模式都面临变革。信息时代的减物质化、服务即时化、去中心化等特征将对传统咨询服务的业务模式进行深度颠覆。新的组织模式、系统性变革、突破和跨界将成为信息时代咨询服务业的常态；以城市数字化转型为导向，满足居民在数字时代的文化、心理需求，提升城市发展和人居环境质量，将成为新兴热点。在这一过程中，公众参与、行业变革与科技创新将深度融合，成为城市人居品质提升的核心驱动力。行业的数字化转型绝不仅仅是工具层面的（规划信息化），而是内容、产品与生态多个维度的深层次转变，类似于智能网联汽车对于汽车制造业整个生态的颠覆与升级。

许煜（2019）提出超越工具理性技术的宇宙技术（cosmotechnic）的概念，他认为人类的文化系统包裹着技术的概念，只有理解这个系统才能突破技术的普遍性，打开封闭的技术系统，走向奇点和超人类主义的技术系统。从系统性变革的视角看，城市规划行业面临跨界创新的要求：基于城市空间数字化转型，搭建协同参与平台，以智慧城市空间营建为媒介，促进跨界新业务拓展（图11-1）。根据笔者之前的论断，当规划深度参与到虚拟世界的变革中后，城市规划不但不会萎缩，反而会拥有更广阔的前景。未来的数字城市需要参与者更加深刻理解人类社会，进而进行复杂系统的综合部署和设计。规划工作是有着强烈公共利益导向、底线思维和多元开放特征的社会工程（石楠，2021）。规划工作将通过跨界创新，把长期以来积累的城市研究和数据资源进行释放，为社会公众、企业和组织提供创新服务支持；通过众规众创平台拓展影响力，关联更多的组织和资源，聚焦城市公共产品与公共服务领域创新创业的孵化，实现多方合作共赢。城市规划将与社会创新深度融合，在城镇化的新阶段创造更加繁荣、协同共赢的城市时代。

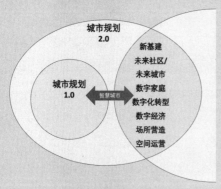

图 11-1　以智慧城市为桥梁的行业拓展

2. 城市规划设计单位

对于规划设计单位来说，要综合把握城市数字化发展的趋势，增强从规划设计、工程建设到项目运营和策划营销的全流程理解。规划行业

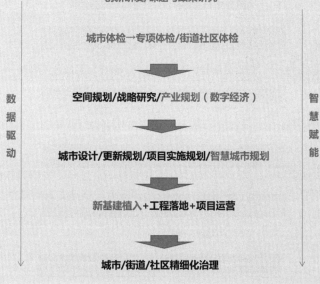

图 11-2　规划设计单位的智慧城市的创新业务链条

需要重新认识其咨询服务业的本质，必须精准、主动研究行业客体即城市空间变化，延伸产业链，提供产品创新及全程咨询服务（图 11-2）。

如何在日益数字化的时代提升城市规划咨询服务质量，如何为构建数字化的空间营建模式持续提供服务，都是今后规划设计单位需要思考的内容。面向未来的规划服务必须紧跟城市数字化发展这条主线，通过跨界突围，寻找更为广阔的天地。规划院的智慧城市团队应融合智慧城市新技术与城市人居环境营建，推动智慧城市与空间规划、城市设计的结合，形成具有规划院特色的"新基建植入 + 空间营造赋能 + 新经济生态"的数字化转型全站式解决方案，助力各地城市更新、科技创新区建设、片区综合开发与数字经济发展。以智慧城市为牵引，通过跨界跨学科的合作，结合前沿性设计实践、研发、出版和学术论坛等多种形式，探索回应未来城市前沿问题及解决途径，打造复合窗口。规划院应在智慧城市领域进行合作交流、对外联动、拓展生态服务，以提升行业综合影响力。

现在已有部分城市规划院正在朝着智慧城市规划与运营方向转型发展。可以预见的是，在未来，城市规划机构将在城市数字化变革的过程中扮演更为深刻和重要的角色。这些机构将承担着引领城市发展、整合智慧技术、设计未来城市空间的责任，从而更加有效地塑造和引导城市的发展方向。

3. 城市规划师

从历史的视角来看，城市规划工作始终是有意义的。它在过去百年来积累的对现实世界的改造经验，对物理环境认知的深度、广度，在任何时代都有其不可替代的价值。但是在数字时代，城市规划师也需要进行知识库的更新迭代，成为与时俱进的杂家——正如安东尼·汤森在《智慧城市——大数据，互联网时代的城市未来》中的论述："规划已经融合了可以为城市发展提供见解的各种学科：包括工程学、经济学、社会学、地理学、政治学、法律、公共财政等，若想再加一个小小的信息学将会非常容易。"在更新知识的同时，如何把传统城市规划的知识积累，重新进行资源整合，进行与时俱进的演变，体现出它的一种时代性、社会性和文化性，最终落脚在数字城市的实践中，这是我们这一代规划师所面临的时代要求。

汤森（2014）同时认为智慧城市的实践的工作特征 "恰恰是城市规划师每天都在使用的解决问题的方法"。规划师在城市规划工作中形成的系统性视角是其先天优势，在智慧城市行业拓展中占据重要地位。从 IT 行业的角度来看，城市规划师具备深刻理解城市系统和公共政策的优势，可以成为 2G 业务专家或城市级数字化产品经理。在海淀城市大脑顶层设计的编制过程中，笔者带领的城市规划师团队扮演了核心统筹的角色，统领了其他 IT 与互联网公司等参与方的工作。团队充分发挥政策机制的再统筹作用，在向政府领导汇报、与各委办局进行业务对接等的工作中，都体现了规划师的公共政策视角、统筹能力、分析能力和汇报能力，最终形成了对城市复杂问题的综合解决方案。如果说规划师固有的传统是"向权力讲述真理"，那么现在规划师有必要向城市的管理者与市民讲述数字时代城市发展变革的真理。

城市规划的重要源头之一是建筑学。Architect 这一术语既涵盖了建筑师的概念，也在信息学中指代系统架构师。可以将其理解为对信息系统和人居环境进行统筹安排和设计。建筑与设计领域一直有与技术结合创新的传统。在 20 世纪 60 年代，建筑学与计算机相互影响，如控制论创始人之一的帕斯克曾撰文《控制论的建筑学关联》（*Architectural Relevance of Cybernetics*）。随后，一些出身建筑领域的学者关注控制论、计算机科学、人工智能和人机交互等，其中代表性的有巴克明斯特·富勒、克里斯多弗·亚历山大和尼古拉斯·尼葛洛庞帝。他们以不同形式挑战了建筑与城市设计的传统，尤其是尼葛洛庞帝领导的 MIT 感知城市实验室，一直致力于探索数字社会人与机器共存及交互的领域，成为未来人居原型探索的前沿阵地。

从职业发展历程上看，规划师经历了从建筑师到城市设计师再到城市规划师的历程。如今规划师不应局限于固有行业视角，应更广泛地从城市整体的角度进行思考和实践，最终成为城市学者。这种转变使规划师能够持续解决城市面临的新问题。因此，规划师面临更为广阔的职业空间，在智慧城市领域有着自身的比较优势，也有需要提升的能力（表 11-1）。规划师的综合素养将通过跨界创新和助力城市级的产品迭代，在新时期发挥更大的作用。城市学者也通过构建数字城市的规则与协议，作为利益协调者参与数字城市治理。

规划师在智慧城市领域的比较优势与可提升的能力　　　　表 11-1

比较优势	可提升能力
· 对城市复杂巨系统的理解 · 整合能力 · 解决问题能力（解决方案） · 研究与咨询能力 · （广义）设计——架构能力 · 对公共政策的理解	· 跨界、跨专业思维；互联网思维 · 对市场与产业的理解与认知 · 数据敏感性 · 信息化系统 · "科技＋空间"整合视角

4. 城市规划教育

国外许多规划建筑以及设计类院校已正式设置智慧城市专业，这些新的专业或专业方向在国内也逐渐引起关注。尽管目前尚未有正式的学位专业出现，但以清华大学的新城市科学、南京大学的智慧城市规划以及东南大学的数字化城市设计等课程和专业特色方向为代表，这一趋势也逐渐变得显著。城市规划专业领域从几年前的大数据课程起步，也逐渐拓展到对空间规划和设计智慧化趋势的关注。

当前，建立多学科间的跨学科研究和框架以及学科方法之间的"交互界面"十分必要。智慧城市应当成为城市数字化领域实践拓展的平台，各学科在此整合交流，形成跨学科合作的机制。在这一合作中，地理学的理论性、城市规划的公共政策属性与设计学的创意性都扮演着重要角色。城市规划对于智慧城市的学科研究，应当建构一套与时俱进、灵活扩展的符号系统，以体现时代性的哲学观。这种方法有助于智慧城市发展，通过将不同学科的理论与实践融为一体并发挥本学科在城市规划过程中形成的深厚学术积累和比较优势，促进学术上对数字时代城市的有效回应。

11.4 结语

在智慧城市空间规划与场景营造的研究与实践中，笔者深刻体会到，无论是物理空间的科学布局与营造，还是数字世界的无限延展，其根本皆在于对人性的深刻理解与尊重。从现象学的观点来看，认知是无法脱离人们的经验而存在的。从城市规划的角度来看，对城市生活的理解需要深入理解数字化城市的生活图景。这种理解有助于更好地进行空间干预和治理的决策咨询。本书通过多视角的剖析，旨在揭示智慧城市空间规划与场景营造的深层逻辑与未来趋势，而在本书刊行之际，有三点核心思考尤为值得重申与强调。

首先，重申居民主体性的核心地位。在逐渐成型的数字城市生活中，人的主体性并不仅仅存在于物质空间。无论是在现实还是虚拟世界，城市都是现代人类的精神家园。新型城镇化中强调的以人为本，同时也在数字世界中有着重要意义。我们有必要从人的角度，从日常生活中去理解空间复杂的变革历程，通过文化心理去认知互联网原住民心中的城市形象。此外，我们还需要重视数字时代的新生代。"Z 世代"以 00 后为代表，是天生就生活在移动互联网世界中的一代人。他们成长在高度数字化的社会环境中，对于城市和环境有独特的理解。当我们在规划中展望几十年后的未来城市时，需要注意到这样的"Z 世代"，或者目前刚刚出生的这些人，他们将是未来世界的中流砥柱。因此，新生代对不断数字化的城市的体验和理解，在本质上代表着未来城市发展的方向，这是城市时代性的体现。

其次，深化对网络时代日常生活的理解。智能手机与移动互联网的普及，让消费主义与网络文化深度融入人们的生活，这要求我们超越技术表象，从人的行为实践出发，探讨数字空间与物理空间如何交织互相影响，从文化心理去认知人与孪生空间的相互关系。城市学者应当关注受数字技术影响下的人与空间的关系、数字化空间表象的特点与性质以及数字社会功能系统运转的空间特征。在当前在移动互联网的渗透率已经很高的状态下，要持续跟踪新的技术迭代，如大语言模型、人工智能生成内容、Web3 等对城市日常生活的影响。

最后，倡导科学主义与人文主义的深度融合。现有城市在物质建设的基础上，已经进行了大量的空间规划和场所营造的研究和实践，如何在虚拟空间的物质基础——信息基础设施铺开之后，在数字世界优化资源配置，将是未来城市留给规划师的重要命题。这个几乎是一片空白的领域，恰恰是规划师这个职业即将面临的广阔空间。从这个角度上纵观整个城市规划发展演变的历程，可以认为城市规划实质上有四个发展阶段：第一阶段是物理城市建设：以建筑学为根本的一种蓝图型的规划；第二阶段是 20 世纪六七十年代在西方出现的规划——在从物质建设向社会治理转型的背景下的城市更新与场所营造；这种转型过程在数字时代又实现了一种类似的演替——第三阶段 IT 和互联网企业主导的数字城市建设；尔后的第四阶段是未来城市面临的数字城市与现实城市融合互动模式下的更新与营造。

在数字城市初步建成之后，如何利用信息基础设施进行人机关系的协同，如何植入符合未来城市赛博生态的文化基因，是规划师和城市研究者需要考虑的内容。段义孚认为，城市管理对技术的偏爱会简化我们生活的世界，使我们失去"全人"（fully human）的意义[1]。因此，只有将工具理性和人文主义结合，才可以规避学者们对于技术决定论的担忧。从这个角度上讲，规划不再仅仅是工程蓝图，而是一场社会运动，这场社会运动既发生在现实之中，也发生在虚拟世界之中。汤森（2014）认为，为实现"建设一个我们都能可持续生存下去的城市化的地球"的目标，科学技术、人道主义应当与所有人集合在一起面对挑战。

智慧城市的未来应当是物理空间与数字世界深度融合的、科技与人文相互交织的璀璨图景。作为城市规划者与研究者，我们肩负着塑造这一未来的重任。工具理性与人文精神的统一能够使智慧城市成为促进人类全面发展的重要引擎。因此，我们应坚持更加开放的心态，以多学科交叉的视角去洞察，进行跨学科、跨领域的探索与实践，共同推动智慧城市向着更加人性化、可持续的方向发展。

1　吴丽玮，蔡诗瑜 . 纪念学者段义孚：传统城市形态依然有着当代生命力 [EB/OL]. （2022-08-12）https://roll.sohu.com/a/576224893_486930

参考文献与
图片来源

引用参考文献

巴蒂，2020. 创造未来城市 [M]. 北京：中信出版社．

巴蒂，2019. 新城市科学 [M]. 北京：中信出版社．

巴蒂，赵怡婷，龙瀛，2014. 未来的智慧城市 [J]. 国际城市规划，29（6）：12-30.

鲍尔，2022. 元宇宙改变一切 [M]. 岑格蓝，赵奥博，王小桐，译．杭州：浙江教育出版社．

贝淡宁，艾维纳，2012. 城市的精神 [M]. 吴万伟，译．重庆：重庆出版社．

贝克莱，2010. 人类知识原理 [M]. 关文运，译．北京：商务印书馆．

布迪厄，华康德，1998. 实践与反思：反思社会学导引 [M]. 李猛，李康，译．北京：中央编译出版社．

柴彦威，申悦，陈梓烽，2014. 基于时空间行为的人本导向的智慧城市规划与管理 [J]. 国际城市规划，29（6）：31-37，50.

陈建洪，2021. 如何理解儒"家"的当代复兴？[J]. 中山大学学报（社会科学版），61(3):120-127.

陈伟清，覃云，孙栾，2014. 国内外智慧城市研究及实践综述 [J]. 广西社会科学（11）：141-145.

丁国胜，宋彦，2013. 智慧城市与"智慧规划"：智慧城市视野下城乡规划展开研究的概念框架与关键领域探讨 [J]. 城市发展研究，21（8）：34-39.

董卫华，等，2023. 地图学空间认知眼动实验原理与方法 [M]. 北京：科学出版社．

董治年，王春蓬，严康，2020. 面向未来的创新：智能家居与智慧环境设计 [M]. 北京：化学工业出版社．

杜安尼，索林，赖特，2019. 精明准则 SMART CODE V9.2 美国新城市主义城市设计导则 [M]. 王宏杰，等译．北京：中国建筑工业出版社．

福柯，2001. 词与物：人文科学考古学 [M]. 莫伟民，译．上海：上海三联书店．

高慧慧，周尚意，2019. 人文主义地理学蕴含的现象学：对大卫·西蒙《生活世界地理学》的评介 [J]. 地理科学进展，38（5）：783-790.

瓜里亚尔特，2014. 自给自足的城市 [M]. 万碧玉，译．北京：中信出版社．

哈贝马斯，1999. 公共领域的结构转型 [M]. 曹卫东，王晓珏，刘北城，等译．上海：学林出版社．

海德格尔，2006. 存在与时间 [M]. 北京：生活·读书·新知三联书店．

海姆，2000. 从界面到网络空间 [M]. 金吾伦，刘钢，译．上海：上海科技教育出版社．

何婧，周恺，2021. 从"追求效率"走向"承载公平"：共享城市研究进展 [J]. 城市规划，45(4):94-105.

霍华德，2010. 明日的田园城市 [M]. 北京：商务印书馆．

吉迪恩，2014. 空间·时间·建筑：一个新传统的成长 [M]. 王锦堂，孙全文，译．武汉：华中科技大学出版社．

姜斌，2019. 九问：浅论新科技对城市环境规划与设计的影响 [J]. 景观设计学，7（2）：66-75.

凯利，2016. 失控 [M]. 张行舟，等译．北京：电子工业出版社．

卡尔维诺，2006. 看不见的城市 [M]. 张宓，译．南京：译林出版社．

库利，马尔科普洛斯，穆海贝尔，2020. 感应式建筑：物联网时代的建筑 [M]. 魏秦，张昕，译．北京：中国建筑工业出版社．

柯布西耶，2011. 光辉城市 [M]. 北京：中国建筑工业出版社．

拉蒂，克劳德尔，2019. 智能城市 [M] 赵磊，译．北京：中信出版社．

李春江，张艳，2022. 日常生活数字化转向的时间地理学应对 [J]. 地理科学进展，41（1）：96-106.

李昊，2016a. 综合体城市主义：作为异托邦的魅惑与疏离 [J]. 北京规划建设，（1）：170-174.

李昊，2016b. 回归右脑：新时期智慧城市的发展环境与变革应对 [J]. 北京规划建设，（6）：18-22.

李昊，2017. 众规众创与城市规划行业创新拓展 [J]. 北京规划建设，（5）：131-135.

李昊，王鹏，2017. 新型智慧城市七大发展原则探讨 [J]. 规划师，33（5）：5-13.

李昊，王鹏，2018. 移动互联网时代公共空间的重构与变革 [J]. 城市建筑，（10）：40-42.

李昊，2018-08-08. 走向都市赛博格：网络时代的城市生活与规划嬗变 [Z]. 规划中国公众号．

李昊，2019. 都市三十年（下）[J]. 北京规划建设，（6）：167-170.

李昊, 2019-01-26. 数字景德镇赋能新文创城市 [Z]. 规划中国公众号.

李昊, 2019-09-04. 全球首个"数字人"将诞生, "云生存"的痛苦要成现实? [Z]. 新京智库公众号.

李昊, 2020-06-16. 谷歌丰田腾讯先后布局房地产, 巨头们前赴后继究竟为何? [Z] 新京智库公众号.

李昊, 2021-07-23. 断电、断网之后, 现代都市该怎样面对灾难 [Z]. 新京智库公众号.

李昊, 赵晓静, 杨昭洁, 2022. 面向未来的智慧城市空间设计与营建 [J]. 上海城市管理, 31(4): 52-60.

李昊, 赵晓静, 王俊, 等, 2022. 三亚崖州湾科技城: 面向空间布局与管控的智慧城市规划创新 [J]. 北京规划建设, (3): 37-42.

李昊, 2023-02-15. 未来城市: 用一块地造三座城 [N/OL]. 成都日报. https://www.cdrb.com.cn/epaper/cdrbpad/202302/15/c110666.html

李文竹, 梁佳宁, 李伟健, 等, 2023. 技术驱动下的未来城市空间规划响应研究: 以黑河市国土空间规划未来城市专题为例 [J]. 规划师, 39(3): 27-35.

李玮峰, 杨东援, 2020. 基于"以流定形"的城市交通空间分析逻辑 [J]. 城市交通, 18(1): 1-8.

李孜, 2016. 农村电商崛起: 从县域电商服务到在线城镇化 [M]. 北京: 电子工业出版社.

列斐伏尔, 2015. 空间与政治 [M]. 李春, 译. 2版. 上海: 上海人民出版社.

列斐伏尔, 2022. 空间的生产 [M]. 北京: 商务印书馆.

林格尔, 2023. 被互联网辜负的人 [M]. 冯诺, 译. 杭州: 浙江人民出版社.

林奇, 2001. 城市意象 [M]. 北京: 华夏出版社.

刘泉, 2019. 奇点临近与智慧城市对现代主义规划的挑战 [J]. 城市规划学刊, (5): 42-50.

刘泉, 陈瑶瑶, 黄丁芳, 等, 2023a. 智慧街道三元融合场景的模块化设计方法: 以华强北未来街道概念设计为例 [J]. 城市规划学刊, (2): 110-118.

刘泉, 李昊, 钱征寒, 2023b. 三元融合智慧城市的发展趋势解读 [J]. 上海城市规划, (4): 70-77.

刘泉, 史懿亭, 赖亚妮, (2023-02-24). 智慧城市场景的概念解读与特征认知 [J/OL]. 国际城市规划.

龙瀛, 沈尧, 2015. 数据增强设计: 新数据环境下的规划设计回应与改变 [J]. 上海城市规划, (2): 81-87.

龙瀛, 2020. 颠覆性技术驱动下的未来人居: 来自新城市科学和未来城市等视角 [J]. 建筑学报, (Z1): 34-40.

龙瀛, 张恩嘉, 2021. 科技革命促进城市研究与实践的三个路径: 城市实验室、新城市与未来城市 [J]. 世界建筑, (3): 62-65.

龙瀛, 李伟健, 张恩嘉, 等, 2023. 未来城市的空间原型与实现路径 [J]. 城市与区域规划研究, 15(1): 1-17.

鲁道夫斯基, 2011. 没有建筑师的建筑: 简明非

正统建筑导论 [M]. 高军, 译. 天津: 天津大学出版社.

骆小平, 2010. "智慧城市"的内涵论析 [J]. 城市管理与科技, 12(6): 34-37.

芒福德, 2005. 城市发展史: 起源、演变和前景 [M]. 宋俊岭, 倪文彦, 译. 北京: 中国建筑工业出版社.

芒福德, 2009. 技术与文明 [M]. 陈允明, 王克仁, 李华山, 译. 北京: 中国建筑工业出版社.

曼海姆, 2014. 意识形态与乌托邦 [M]. 李步楼, 等译. 北京: 商务印书馆.

麦奎尔, 蒋效妹, 2023. 城市数字基础设施、智慧城市主义和传播: 城市数字规划所面临的研究挑战 [J]. 智能社会研究, 2(5): 111-141.

米切尔, 2005. 伊托邦: 数字时代的城市生活 [M]. 吴启迪, 乔非, 俞晓, 译. 上海: 上海世纪出版社.

米切尔, 2006. 我++: 电子自我和互联城市 [M]. 刘小虎, 等译. 北京: 中国建筑工业出版社.

新华三, 2022. 面向未来的数字社会: 2022 新华三十大技术趋势白皮书 [R]. 北京: 新华三集团.

梅, 2008. 存在之发现 [M]. 方红, 郭本禹, 译. 北京: 中国人民大学出版社.

倪锋, 2023. 困知勉行: 城市规划若干问题的思考 [J]. 城市设计, (2): 86-93.

尼葛洛庞帝, 1997. 数字化生存 [M]. 胡泳, 范海燕, 译. 海口: 海南出版社.

诺伯舒兹, 2010. 场所精神: 迈向建筑现象学 [M]. 武汉: 华中科技大学出版社.

欧幸军, 2021. 智慧化城市家具设计研究 [D]. 南京: 南京艺术学院.

庞蒂, 2001. 知觉现象学 [M]. 姜志辉, 译. 北京: 商务印书馆.

培根, 2020. 城市设计 [M]. 黄富厢, 等译. 北京: 中国建筑工业出版社.

萨林加罗斯, 2011. 城市结构原理 [M]. 阳建强, 译. 北京: 中国建筑工业出版社.

赛利奥, 2014. 赛利奥建筑五书 [M]. 刘畅, 译. 北京: 中国建筑工业出版社.

桑内特, 2016. 肉体与石头: 西方文明中的身体与城市 [M]. 黄煜文, 译. 上海: 上海译文出版社.

沈尧, 卓健, 吴志强, 2021. 精准城市设计面向社会效应精准提升的城市形态 [J]. 时代建筑, (1): 26-33.

石楠, 2021. 城乡规划学学科研究与规划知识体系 [J]. 城市规划, 45(2): 9-22.

施拉波贝斯基, 帕普斯, 2020. 智慧城市始于智慧设计 [J]. 风景园林, 27(5): 110-116.

斯加鲁菲, 2017. 人类 2.0: 在硅谷探索科技未来 [M]. 牛金霞, 闫景立, 译. 北京: 中信出版社.

宋刚, 纪阳, 陈锐, 等, 2017. 欧洲 Living Labs 创新模式对中国城市管理科技应用园区建设的启示 [J]. 城市管理与科技, (6): 44-48.

宋刚, 邬伦, 2012. 创新 2.0 视野下的智慧城市 [J]. 城市发展研究, 19(9): 53-60.

索杰, 2005. 第三空间: 去往洛杉矶和其他真实

和想象地方的旅程 [M]. 陆扬，译. 上海：上海教育出版社.

唐克扬，2023. 梦境和历史的风景 [J]. 天涯，（2）：20-25.

唐斯斯，张延强，单志广，等，2020. 我国新型智慧城市发展现状、形势与政策建议 [J]. 电子政务，（4）：70-80.

汤森，2014. 智慧城市：大数据，互联网时代的城市未来 [M]. 北京：中信出版社.

陶涛，刘泉，2023. 为何西方城市设计无法完整展示中国城市美学：山水诗画视角下的三个问题分析 [J]. 城市规划，47（4）：79-85.

特瑞普，2021. 城市设计·理论与实践 [M]. 北京：中国建筑工业出版社.

托米奇，2022. 让城市更智慧：设计 × 交互 × 城市 × 应用 [M]. 北京：中国建筑工业出版社.

瓦尔，2018. 作为界面的城市：数字媒介如何改变城市 [M]. 毛磊，彭喆，译. 北京：中国建筑工业出版社.

王常军，2021. 数字经济与新型城镇化融合发展的内在机理与实现要点 [J]. 北京联合大学学报（人文社会科学版），19（3）：116-124.

王朝宇，马星，轩源，等，2021. 国土空间规划体系下专项规划体系构建路径探讨 [J]. 规划师，37（15）：87-94.

王鹏，2014. 新媒体与城市规划公众参与 [J]. 上海城市规划，（5）：5.

王伟，王瑛，刘静楠，2017. 我国大数据研究综述及其在城乡规划领域应用机制探索 [J]. 北京规划建设，（6）：50-61.

王伟，王瑞莹，单峰，等，2022. 中国特色未来城市：人民城市与智慧城市的互构体 [J]. 未来城市设计与运营，（1）：53-60.

王伟，向柯颖，陈一鸣，等，2023. 北京数字经济产业的空间融合体模式与规划响应策略 [J]. 规划师，39（8）：49-57.

王建国，2018. 从理性规划的视角看城市设计发展的四代范型 [J]. 城市规划，42（1）：9-19，73.

吴良镛，2017. 人居理想 科学探索 未来展望 [J]. 人类居住，（4）：3-10.

西尔，克拉克，2019. 场景：空间品质如何塑造社会生活 [M]. 祁述裕，吴军，等译. 北京：社会科学文献出版社.

徐小东，徐宁，王伟，2020. 无人驾驶背景下的城市空间转型及城市设计应对策略研究 [J]. 城市发展研究，27（1）：44-50.

许煜，2019. 论数码物的存在 [M]. 上海：上海人民出版社.

雅各布斯，2006. 美国大城市的死与生 [M]. 金衡山，译. 2 版. 南京：译林出版社.

亚历山大，2002. 建筑模式语言 [M]. 王听度，周序鸣，译. 北京：知识产权出版社.

杨俊宴，郑屹，2021. 城市：可计算的复杂有机系统：评《创造未来城市》[J]. 国际城市规划，36（1）：124-130.

叶宇，戴晓玲，2017. 新技术与新数据条件下的空间感知与设计运用可能 [J]. 时代建筑，（5）：6-13.

张恩嘉，龙瀛，2020. 空间干预、场所营造与数字创新：颠覆性技术作用下的设计转变 [J]. 规划师，36（21）：5-13.

甄峰，孔宇，2021. "人—技术—空间"一体的智慧城市规划框架 [J]. 城市规划学刊，（6）：45-52.

甄峰，张姗琪，秦萧，等，2019. 从信息化赋能到综合赋能：智慧国土空间规划思路探索 [J]. 自然资源学报，34（10）：2060-2072.

周榕，2016a. 硅基文明挑战下的城市因应 [J]. 时代建筑，（4）：42-46.

周榕，2016b. 向互联网学习城市："成都远洋太古里"设计底层逻辑探析 [J]. 建筑学报，（5）：30-35.

朱萌，陈锦富，郭嫚丽，等，2023. 感知—信号—情绪：基于生理信号的人本尺度空间感知测度研究探索 [J]. 国际城市规划，38（6）：19-28.

佐金，2021. 创新之所：城市、科技和新经济 [M]. 上海：格致出版社.

ANDREJEVIC M, VOLCIC Z, 2021. "Smart" cameras and the operational enclosure[J]. Television & New Media, 22(4):343-359.

CASTELLS M, 1991. The informational city: Information technology, economic restructuring and the urban-regional process[M]. Oxford: Blackwell.

CASTELLS M, 1996. The rise of the network society[M]. Cambridge, MA: Blackwell.

DELVENTHAL M, KWON E, PARKHOMENKO A, (2020-12-14). How do cities change when we work from home?[J/OL]. https://papers.ssrn.com/sol3/papers.cfm?abstract_id=3746549

GEHL [2023-12-01]. Public space, public life & COVID19[R/OL]. https://papers.ssrn.com/sol3/papers.cfm?abstract_id=3746549

GIBSON J J, 1979. The ecological approach to visual perception[M]. Hillsdale: Lawrence Erlbaum Associates.

GREELISH D, (2013-04-02).An interview with computing pioneer Alan Kay[J/OL] Time Magazine.https://techland.time.com/2013/04/02/an-interview-with-computing-pioneer-alan-kay/

HÄGERSTRAND T, 1970. What about people in regional science?[J]. Papers in Regional Science, 24(1):7-24.

HALL P, 1998. Cities in civilization[M]. New York: Pantheon Books.

HALL P, 2014. Cities of tomorrow : An intellectual history of urban planning and design in thetwentieth century [M] . New Jersey : Wiley-Blackwell.

HUANG J, 2021, OBRACHT-PRONDZYNSKA H, KAMROWSKA-ZALUSKA D, et al. The image of the city on social media: A comparative study using "big data" and "small data" methods in the tri-city region in Poland[J].

Landscape and Urban Planning, (206): 103977.

CORBUSIER, 2007. Versune architecture (Toward an architecture), trans. John Goodman (Los Angeles: Getty Research Institute).

LI H, YUE J, WANG Y, et al., 2021. Negative effects of mobile phone addiction tendency on spontaneous brain microstates: Evidence from resting-state EEG[J]. Frontiers in Human Neuroscience, (15): 636504.

LYNCH K, 1984. Good city form[M]. Cambridge, MA: MIT press.

MCLOUGHLIN J B, 1969. Urban and regional planning: A systems approach[M]. London: Faber and Faber.

NATO Science & Technology Organization, 2020. Science & technology trends 2020-2040: Exploring the S&T edge [R].Bruseel: NATO Science & Technology Organization.

SHANE D G, 2021. Block, superblock, and megablock: A short morphological history[M]// JOHNSON J,BRAZIER C, LAM T. China lab guide to mega-block urbanism. Actar Publishers & Columbia University GSAPP: 118-195.

SIDEWALK LABS, 2019. Toronto tomorrow: A new approach for inclusive growth[R]. Toronto: Sidewalk Labs.

SUSSMAN A, HOLLANDER J, 2021. Cognitive architecture: Designing for how we respond to the built environment[M]. Routledge.

WRIGHT F L, 1932. The disappearing city[M]. New York: William Farquhar Payson.

其他参考文献

本书课题组, 2021. 未来"城市 - 建筑"设计理论与探索实践 [M]. 北京: 中国建筑工业出版社.

波兹曼, 2014. 娱乐至死 [M]. 章艳, 译. 北京: 中信出版社.

布鲁克斯, 2013. 写给从业者的规划理论 [M]. 叶齐茂, 倪晓晖, 译. 北京: 中国建筑工业出版社.

城市中国, 2021. 未来社区: 城市更新的全球理念与六个样本 [M]. 杭州: 浙江大学出版社.

柴彦威, 谭一洛, 申悦, 等, 2017. 空间: 行为互动理论构建的基本思路 [J]. 地理研究, 36（10）: 1959-1970.

陈伊乔, 刘逸, 2019. 段义孚的人地情感研究对城乡规划的启示 [J]. 城市发展研究, 26（8）: 104-110.

董宏伟, 寇永霞, 2014. 智慧城市的批判与实践: 国外文献综述 [J]. 城市规划, 38（11）: 52-58.

杜明芳, 2019. 无人驾驶汽车技术 [M]. 北京: 人民交通出版社.

段义孚, 2017. 空间与地方: 经验的视角 [M]. 王志标, 译. 北京: 中国人民大学出版社.

段义孚, 2018. 恋地情节: 环境感知、态度和价值观研究 [M]. 志丞, 刘苏, 译. 北京: 商务印书馆.

冯登超, 2021. 低空安全走廊理论与应用 [M]. 北京: 化学工业出版社.

格利高里, 厄里, 2011. 社会关系与空间结构 [M]. 谢礼圣, 等译. 北京: 北京师范大学出版社.

公维敏, 2023. 吉尔伯特·西蒙栋: 技术物的发明与关键点网络 [J]. 自然辩证法通讯, 45（6）: 119-126.

韩炳哲, 2019. 在群中: 数字媒体时代的大众心理学 [M]. 北京: 中信出版社.

韩西丽, 斯约斯特洛姆, 2015. 城市感知: 城市场所中隐藏的维度 [M]. 北京: 中国建筑工业出版社.

胡塞尔, 1986. 现象学的观念 [M]. 倪梁康, 译. 上海: 上海译文出版社.

Kajsa Ellegrd, 张雪, 张艳, 等, 2016. 基于地方秩序嵌套的人类活动研究 [J]. 人文地理, 31（5）: 7.

凯利, 2016. 必然 [M]. 周峰, 董理, 金阳, 译. 北京: 电子工业出版社.

孔宇, 等, （2023-12-25）. 西方平台城市主义的兴起及对我国未来城市发展的思考 [J/OL]. 国际城市规划.

雷尔夫, 2021. 地方与无地方 [M]. 刘苏, 相欣奕, 译. 北京: 商务印书馆.

李婷, 2014. 人与机器共同进化 [M]. 北京: 电子工业出版社.

里德, 罗德曼, 范埃尔迪约克, 2016. 未来城市 [M]. 曹康, 等译. 北京: 中国建筑工业出版社.

里夫金, 2014. 零边际成本社会 [M]. 赛迪研究院专家组, 译. 北京: 中信出版社.

林玉莲, 胡正凡, 2006. 环境心理学 [M]. 北京: 中国建筑工业出版社.

刘琪, 梁鹏, 宋豪, 2023. 5G 智慧交通 [M]. 北京: 电子工业出版社.

刘艺璇, 宗益祥, 2023. 作为行动者的数码物: 客体间性、第三预存与本体论反思: 评《论数码物的存在》[J]. 现代视听, （9）: 80-84.

茅明睿, 2021. 基于新城市科学的双井街道责任规划师探索与思考 [J]. 北京规划建设, （S1）: 109-117.

孟伟, 2023. 介入意识与智能革命: 梅洛 - 庞蒂现象学思想的当代诠释 [M]. 哈尔滨: 黑龙江人民出版社.

米尔斯, 2022. 云端革命: 新技术融合引爆未来经济繁荣 [M]. 丁林棚, 等译. 北京: 中译出版社.

米切尔, 1999. 比特之城: 空间·场所·信息高速公路 [M]. 范海燕, 胡泳, 译. 北京: 生活·读书·新知三联书店.

穆尔, 2007. 赛博空间的奥德赛: 走向虚拟本体论与人类学 [M]. 麦永雄, 译. 桂林: 广西师范大学出版社.

施瓦茨, 2018. 智慧街道: 城市的崛起与汽车的衰落 [M]. 上海: 上海科学技术出版社.

斯蒂格勒, 2023. 技术与时间 [M]. 裴程, 等译. 南京：译林出版社.

司晓，周政华，刘金松，等，2018. 智慧城市2.0：科技重塑城市未来[M]. 北京：电子工业出版社.

唐克扬，2013. 在空间的密林中[M]. 南京：江苏人民出版社.

腾讯研究院，2023. 未来栖息地[M]. 北京：电子工业出版社.

王利阳，2017. 社区新零售[M]. 北京：人民邮电出版社.

王一睿，周庆华，杨晓丹，等，2022. 城市公共空间感知的过程框架与评价体系研究[J]. 国际城市规划，37（5）：80-89.

维利里奥，2014. 视觉机器[M]. 张新木，魏舒，译. 南京：南京大学出版社.

吴良镛，2001. 人居环境科学导论[M]. 北京：中国建筑工业出版社.

吴唯佳，吴良镛，石楠，等，2019. 空间规划体系变革与学科发展[J]. 城市规划，43（1）：17-24，74.

吴志强，王坚，李德仁，等，2022. 智慧城市热潮下的"冷"思考学术笔谈[J]. 城市规划学刊，（2）：1-11.

徐磊青，杨公侠，2002. 环境心理学：环境、知觉和行为[M]. 上海：同济大学出版社.

许煜，2020. 论中国的技术问题：宇宙技术初论[M]. 苏子滢，卢睿洋，译. 杭州：中国美术学院出版社.

姚冲，甄峰，席广亮，2021. 中国智慧城市研究的进展与展望[J]. 人文地理，36（5）：15-23.

张洋，李长霖，吴菲，2021. 数字化技术驱动下的交互景观实践与未来趋势[J]. 风景园林，28（4）：99-104.

瞿振明，2007. 有无之间：虚拟实在的哲学探险[M]. 孔红艳，译. 北京：北京大学出版社.

浙江省发展和改革委员会，浙江省发展规划研究院，2021. 未来社区：浙江的理论与实践探索[M]. 杭州：浙江大学出版社.

甄峰，秦萧，2014. 智慧城市顶层设计总体框架研究[J]. 现代城市研究，（10）：7-12.

甄峰，席广亮，张姗琪，等，2023. 智慧城市人地系统理论框架与科学问题[J]. 自然资源学报，38(9):2187-2200.

AFRADI K, NOURIAN F, 2022. Understanding ICT's impacts on urban spaces: a qualitative content analysis of literature[J]. GeoJournal, 87(2): 701-731.

AI-GHAMDI S A, AI-HARIGI F, 2015. Rethinking image of the city in the information age[J]. Procedia Computer Science (65): 734-743.

DU J, ZHU Q, SHI Y M, et al, 2020. Cognition digital twins for personalized information systems of smart cities: Proof of concept[J]. Journal of Management in Engineering, 36(2): 1-17(04019052).

JIAO J, HOLMES M, GRIFFIN G P, 2018. Revisiting image of the city in cyberspace: Analysis of spatial Twitter messages during a special event[J]. Journal of Urban Technology, 25(3): 65-82.

图片来源

图号	图名	图片来源	作者
图 2-1	摄影作品 Removed	https://www.removed.social/series	Eric Pickersgill
图 2-3	数字场域与日常生活组织示意	欧幸军. 智慧化城市家具设计研究[D]. 南京：南京艺术学院，2021	欧幸军
图 2-4	快速发展的信息技术将为人类提供数字化生存的技术基底	NATO Science & Technology Organization.Science & technology trends 2020-2040: Exploring the S&T Edge [R].Bruseel: NATOScience & Technology Organization, 2020	作者翻译
图 2-5	特斯联 AI Park 机器人使用建筑空间效果图	Xing. 特斯联 AI Park：机器人"伊甸园"[Z]. XING DESIGN 行之建筑公众号，2021-10-27	
图 2-8	基于短视频对城市繁荣活力的分析	巨量算数，中国城市规划设计研究院. 美好城市指数：短视频与城市繁荣关系白皮书[R/OL].https://www.oceanengine.com/insight/523	
图 2-9	疫情期间居民对本地公共空间的使用情况	GEHL Public space, public life & COVID19[R/OL].[2023-12-01].https://papers.ssrn.com/sol3/papers.cfm?abstract_id=3746549	
图 2-11	"城元宇宙"系列之"海元宇宙"	虚实相生：青岛西海岸"海元宇宙"公测开启，打造海上 RAR 幻影秀[EB/OL].(2023-07-20).https://j.eastday.com/p/1689847122036680	
图 2-12	Sidewalk Toronto 的城市设计图解	SIDEWALK LABS. Toronto tomorrow: A new approach for inclusive growth[R]. Toronto: Sidewalk Labs, 2019	作者翻译
图 3-2	新基建与数字中国布局	中国联通智能城市研究院	
图 3-3	我国房地产商智慧社区与未来社区发展策略及产品体系	根据各公司网上介绍资料汇总	作者团队绘制

图号	图名	图片来源	作者
图 3-4	从家庭到城市的数字化场景串联	新华三．面向未来的数字社会：2022 新华三十大技术趋势白皮书[R]．北京：新华三集团，2022	作者团队修改
图 3-6	Sidewalk Toronto 智慧城市设计方案中对智能家庭居住环境的呈现	SIDEWALK LABS. Toronto tomorrow：A new approach for inclusive growth[R]. Toronto：Sidewalk Labs, 2019	作者团队翻译
图 3-8	Sidewalk Toronto 设计方案鸟瞰图	SIDEWALK LABS. Toronto tomorrow：A new approach for inclusive growth[R]. Toronto：Sidewalk Labs, 2019	作者团队翻译
图 3-9	Sidewalk Toronto 设计方案新技术场景展现	SIDEWALK LABS. Toronto tomorrow：A new approach for inclusive growth[R]. Toronto：Sidewalk Labs, 2019	
图 3-10	丰田编织城市设计方案鸟瞰图		
图 3-11	丰田编织城市设计方案：基于自动驾驶的未来社区	https://www.woven-city.global/	
图 3-12	技术驱动城市街区的扩展演进	SHANE D G. Block, superblock, and megablock：A short morphological history[M]//JOHNSON J,BRAZIER C, LAM T. China lab guide to mega-block urbanism. Actar Publishers & Columbia University GSAPP,2021:118-195	
图 3-13	Sidewalk Toronto 方案中结合自动驾驶的街区结构变化	SIDEWALK LABS. Toronto tomorrow：A new approach for inclusive growth[R]. Toronto：Sidewalk Labs, 2019	
图 3-14	自动驾驶对道路交通的系列影响	Blueprint for autonomous urbanism[R/OL]. second edition. [2023-12-01].https://nacto.org/publication/bau2/	
图 3-15	各地自动驾驶示范区的自动驾驶车辆		王俊拍摄
图 3-16	智能网联汽车先行区政策体系	北京市高级别自动驾驶示范区首次发布年度发展报告，为行业贡献"北京经验"[Z]．北京市高级别自动驾驶示范区公众号，2022-08-01	
图 3-17	"天限城市"项目快速轨道系统和自动驾驶网络	https：www.antistatics.netinfinite-city-indonesian-new-capita	
图 3-18	加拿大轨道新城奥尔比	https://www.blogto.com/real-estate-toronto/2019/12/small-town-near-toronto-plans-transform-city-future/	
图 4-2	未来城市结构体系	瓜里亚尔特．自给自足的城市[M]．万碧玉，译．北京：中信出版社，2014	
图 4-3	各类感知设备对人类环境感知能力的拓展	SIDEWALK LABS. Toronto tomorrow：A new approach for inclusive growth[R]. Toronto：Sidewalk Labs, 2019	
图 4-4 左图	人的尺度与传统城市意向	https://commons.wikimedia.org/wiki/File:Da_Vinci_Vitruve_Luc_Viatour.jpg	
图 4-5 左侧组图	信息入口终端改变与数字时代城市意向生成	https://pixabay.com/zh/photos/computer-desk-typing-laptop-1867758/ https://pixabay.com/zh/photos/iphone-hand-screen-smartphone-apps-410311/ https://pixabay.com/zh/photos/augmented-reality-bicycle-girl-bike-1853592/ https://www.embs.org/pulse/articles/the-future-of-brain-computer-interfaces/	
图 4-6	综合社交媒体、GIS 分析与林奇的经典理论来研究当前城市意向的框架	HUANG J, OBRACHT-PRONDZYNSKA H, KAMROWSKA-ZALUSKA D, et al. The image of the city on social media：A comparative study using "big data" and "small data" methods in the tri-city region in Poland[J]. Landscape and Urban Planning, 2021(206)：103977.	
图 4-7	虚拟现实环境与多源感受测度装置	叶宇，戴晓玲．新技术与新数据条件下的空间感知与设计运用可能[J]．时代建筑，2017(5)：6-13	
图 4-9	基于活动复杂情境的个体数字化日常生活展现	李春江，张艳．日常生活数字化转向的时间地理学应对[J]．地理科学进展，2022，41(1)：96-106	

图号	图名	图片来源	作者
图5-1	智慧伦敦总体发展思路	李昊，王鹏．新型智慧城市七大发展原则探讨[J].规划师，2017，33(5)：5-13	作者绘制
图5-3	西好莱坞市智慧城市战略规划宣传册	https://www.weho.org/home/showpublisheddocument?id=30433	City of West Hollywood
图5-4	智慧城市顶层设计内容与编制流程	《智慧城市顶层设计指南》GB/T 36333—2018	
图5-5	杭州城市大脑总体架构	《杭州市城市数据大脑规划》	
图6-1	人居科学的学科体系	吴良镛．人居理想 科学探索 未来展望[J].人类居住，2017(4)：3-10	
图7-3	人工智能技术成熟度模型（2023年）	https://www.gartner.com/en/articles/what-s-new-in-the-2023-gartner-hype-cycle-for-emerging-technologie	
图7-9	Sidewalk Toronto展现技术驱动的创新场景	SIDEWALK LABS. Toronto tomorrow：A new approach for inclusive growth[R]. Toronto：Sidewalk Labs, 2019	
图7-13	黑河未来城市交通场景空间布局与设计概念图	李文竹，梁佳宁，李伟健，等．技术驱动下的未来城市空间规划响应研究：以黑河市国土空间规划未来城市专题为例[J].规划师，2023，39(3)：27-35	
图7-16	空客在新加坡的低空物流运输规划	https://www.airbus.com/en/newsroom/news/2017-11-skyways-urban-air-delivery-explored	
图7-19	智慧阜平总体规划中对扶贫战略的智慧化落实	李昊，王鹏．新型智慧城市七大发展原则探讨[J].规划师，2017，33(5)：5-13	
图7-22	城市大脑产业溢出效应		陈晨
图8-1	智慧公共空间营造概念图	Smart carpet project featured in Nla's public London：Activating the city [EB/OL].(2024-06-28).https://mcgregorcoxall.com/news/smart-carpet-project-featured-in-new-london-architectures-public-london-activating-the-city/	
图8-4	AI机械仿生花对人的动作姿态做出反应，重构"人—机器—自然"之间的互动关系	甲板科技	
图8-6	智能交互设施与场所活力提升		
图8-7	白塔寺citygrid城市传感器（左），数字孪生城市更新公众参与活动（右）		张鹤鸣
图8-9	智慧城市空间模块层级体系	刘泉，陈瑶瑶，黄丁芳，等．智慧街道三元融合场景的模块化设计方法：以华强北未来街道概念设计为例[J].城市规划学刊，2023(2)：110-118	
图8-10	智慧街道场景的模块化设计		
图8-11	青少年与儿童对智能交互产品有着天然的接受度	甲板科技	
图8-13	数字经济背景下以新场景为核心的城市创新生态	王伟，向柯颖，陈一鸣，等．北京数字经济产业的空间融合体模式与规划响应策略[J].规划师，2023，39(8)：49-57	
图8-14	大栅栏投资+规划+改造+运营"一体化"解决方案		董琦
图9-15	双井街道的社区公共空间微改造	城市象限科技公司	
图9-21	金成府已建成的社区公共活动场地	天津金隅津辰房地产开发有限公司	
图9-24	智慧公园工具箱内容体系	UCLA Luskin Center for Innovation.Smart parks：A toolkit[R].Los Angeles：UCLA,2018	作者翻译
图9-26	智能交互设施与公共空间营造相融合的智慧体育公园		
图9-27	乌镇人民公园的智慧广场舞	甲板科技	
图9-28	软件园智慧跑道及打卡地图		
图9-29	景德镇红房子数字展示与交互	荷兰卡恩建筑事务所	

致
谢

本书来自于本人从事智慧城市工作以来，在研究和实践中的持续思考。就像智慧城市一样，本书也是由多种思想交汇而成的开放系统的产物。在书籍的创作过程中，如果没有各界人士的支持是不可能完成的。

感谢中规院和北京公司领导一直以来对于智慧城市业务的关心和支持，感谢北京公司对本书出版的资助；感谢吴志强院士对于智慧城市与未来城市的教诲；感谢徐辉、王鹏、龙瀛、茅明睿、徐磊青、任希岩、柴彦威、杨俊宴等专家学者，本人在智慧城市研究与实践领域中向他们探讨学习，收获良多。特别感谢王伟老师对本书出版的指导和帮助，他对学术与人生的思考使我受益良多。感谢智慧城市团队成员孔德博、赵晓静、戚纤云、王俊、张鹤鸣、黄庆、赵越、雷蒙（实习生）等，他们参与了本书提到的实践案例，完善了部分图表；感谢中规院和北京公司的项目合作方任帅、魏维、纪叶、程崴知、史英静、杨艳梅、宋子燕、莫晶晶、胡金辉等，本书的部分实践案例建立在与他们的合作基础上；感谢院外合作方陈晨、杨雪、刘泉、李长霖、王铮、董琦、曲景东、冯磊、吴海涛、孙伟、张丽霞等，本书部分案例和思路来自与他们的合作创新。

还要感谢那些虽未在书中提及，但对本书给予了支持和帮助的人们。他们的贡献对本书的完成起到了不可或缺的作用。

因时间有限，本书写作仓促，难免有疏漏之处，还请各位读者见谅。

图书在版编目（CIP）数据

智慧城市空间规划与场景营造 = Smart City
Spatial Planning and Scene Making / 李昊著 .
北京：中国建筑工业出版社，2024. 7. — ISBN 978-7
-112-30041-9

Ⅰ.TU984.2

中国国家版本馆CIP数据核字第20249D0G90号

责任编辑：焦　阳
责任校对：王　烨

智慧城市空间规划与场景营造

Smart City Spatial Planning and Scene Making

李　昊　著

*

中国建筑工业出版社出版、发行（北京海淀三里河路9号）

各地新华书店、建筑书店经销

北京海视强森文化传媒有限公司制版

北京中科印刷有限公司印刷

*

开本：787 毫米 × 1092 毫米　1/16　印张：16¾　字数：263 千字

2024 年 6 月第一版　2024 年 6 月第一次印刷

定价：**68.00** 元

ISBN 978-7-112-30041-9

（42736）

版权所有　翻印必究

如有内容及印装质量问题，请联系本社读者服务中心退换

电话：（010）58337283　QQ：2885381756

（地址：北京海淀三里河路9号中国建筑工业出版社604室　邮政编码：100037）